U0204317

火箭科学与空间探索导论
Introduction to Rocket Science and Space Exploration

〔印〕A. Sivathanu Pillai　著

郑　刚　黄富强　黄　璨　何　博　译

北京航空航天大学出版社

内 容 简 介

随着太空成像、移动通信、全球定位系统和灾害管理等领域的需求不断增长,以及对卫星寿命延长、空间站操作、小行星运行轨道偏转和轨道碎片减少等太空服务的迫切需求,人们对可重复使用火箭的渴望日益强烈。本书涵盖了宇宙认知、火箭历史、太空任务、卫星技术、火箭原理与设计发展、火箭技术、太阳系探索和地球环境保护以及对"地球 2.0"的思考。

本书面向航空航天工程专业的高年级本科生和专业人士。

图书在版编目(CIP)数据

火箭科学与空间探索导论 /(印)A・西瓦塔努・皮莱
(A. Sivathanu Pillai) 著;郑刚等译. -- 北京 : 北京航空航天大学出版社,2024.10
书名原文:Introduction to Rocket Science and Space Exploration
ISBN 978 - 7 - 5124 - 4333 - 4

Ⅰ. ①火… Ⅱ. ①A… ②郑… Ⅲ. ①火箭-空间探索
Ⅳ. ①V475.1

中国国家版本馆 CIP 数据核字(2024)第 035212 号

火箭科学与空间探索导论
Introduction to Rocket Science and Space Exploration
[印] A. Sivathanu Pillai 著
郑 刚 黄富强 黄 璨 何 博 译
策划编辑 龚 雪 冯维娜 责任编辑 刘晓明

*

北京航空航天大学出版社出版发行

北京市海淀区学院路 37 号(邮编 100191) http://www.buaapress.com.cn
发行部电话:(010)82317024 传真:(010)82328026
读者信箱:goodtextbook@126.com 邮购电话:(010)82316936
北京九州迅驰传媒文化有限公司印装 各地书店经销

*

开本:787×1 092 1/16 印张:12.5 字数:320 千字
2024 年 10 月第 1 版 2024 年 10 月第 1 次印刷 印数:500 册
ISBN 978 - 7 - 5124 - 4333 - 4 定价:79.00 元

版权声明

北京市版权局著作权合同登记号 图字:01-2023-3986 号

作者简介

  A·西瓦塔努·皮莱(A. Sivathanu Pillai)博士 1969 年毕业于工程学专业。过去 50 年里，他跟随航空航天领军人物维克拉姆·萨拉巴伊(Vikram Sarabhai)博士、萨蒂什·达万(Satish Dhawan)教授和阿卜杜勒·卡拉姆(APJ Abdul Kalam)博士，先后在印度空间研究组织(ISRO：Indian Space Research Organisation)和印度国防研究与开发组织(DRDO：The Defense Research and Development Organisation)工作，并担任印度科学院(IISc)和印度理工学院(IITs：Indian Institutes of Technology)的客座教授。他积极参与开发卫星运载火箭和导弹工作，积累了丰富的经验，精通多学科技术项目、火箭技术、航空航天系统、机构建设和先进系统工程以及项目管理。为发展关键导弹技术，皮莱博士整合了多个机构资源，克服了相关反对制度(导弹及其技术控制制度)的掣肘，让印度突破了战略导弹技术。他还是布拉莫斯航空航天公司(BrahMos Aerospace)的创始人，曾任首席执行官兼总经理。该公司非常独特，是印度和俄罗斯合资的第一家设计、开发、生产并销售最先进的超声速巡航导弹布拉莫斯(BrahMos)的企业，而此系列导弹已作为主要打击武器引入印度武装部队。

  皮莱教授的科学贡献得到了印度和全球 15 个学术机构的认可，并被授予理学荣誉博士学位，获得了印度和国际许多知名奖项及奖学金，其中最重要的当属印度政府 2013 年颁发的莲花装勋章①(Padma Bhushan)和 2002 年颁发的莲花士勋章②(Padma Shri)，以及俄罗斯联邦政府于 2013 年颁发的友谊勋章。

  皮莱教授著有 10 本书，包括《布拉莫斯的曼怛罗》《与阿卜杜勒·卡拉姆共事 40 年——不为人知的故事》《领导力革命》《工程纳米科学与纳米技术》等。他还与阿卜杜勒·卡拉姆博士③合著了两本书：《强国设想》和《漫谈改变——我们能做到》(预测了 10 种未来技术)。

---

  ① 莲花装勋章：莲花装勋章(Padma Bhushan)是印度政府颁发的第三级公民荣誉奖，授予在各领域为印度做出杰出贡献的人物。

  ② 莲花士勋章：莲花士勋章(Padma Shri)是印度政府颁发的第四级公民荣誉奖，授予在艺术、教育、工业、文学、科学、体育、医药、社会服务和公共生活等领域为印度做出杰出贡献的人物。

  ③ 阿卜杜勒·卡拉姆博士：阿卜杜勒·卡拉姆(1931 年 10 月 15 日—2015 年 7 月 27 日)，男，印度共和国前总统，著名导弹科学家，也是第一位当选印度总统的职业科学家。

序　言

　　浩瀚宇宙中转动的地球，亦是生命进化之所。纵观人类历史，探索宇宙的脚步从未停歇。在这一进程中，人类开发了解决生存问题的工具，生存的最初阶段是在与其他生命形式进行"谈判"中度过的。即便人类发展出了各个方面的能力来处理生存相关的问题、改善生活条件，但人类群体间的冲突还是主要矛盾。这些冲突给了人类发展技术的巨大动力，帮助他们统治其他群体。于是，能在两地间快速移动变得十分重要。人们驯服动物并改为坐骑、用动物拉车，就给了一部分人明显的优势。后来，人们开发能在陆地、水上和空中移动的交通工具就变得愈发重要，而使用这些工具的人也获得了对其他群体的统治地位。这些运输方式不仅实现了人员的流动，还实现了物资和产品的流通，从而实现商贸。然而，每种新开发的能力还被用来建立对较弱者的霸权。因此，人类坚持不懈地努力发展创新更强大的运输系统。战争期间，远距离投掷武器从而引发爆炸成了人们用以控制对手的手段之一。这类爆炸系统一经演化便赋予了人类将物体送入外太空、绕地球运行的能力，并通过这种方式带来"利用太空为地球服务"和"利用太空为太空服务"的能力。

　　现今，人类受益颇多的是，利用推进器将物体送入太空，并用这些物体进行通信、广播、遥感和导航活动，帮助人类离开地球，绕地球轨道飞行，甚至登陆月球。

　　几十年来，空间活动仅限世界各国的国家机构掌握，但私营企业的进入改变了空间活动的范围和节奏。如今，空间探索、太空探险、太空旅游、太空开发以及利用空间系统来维护霸权都已成为现实。

　　本书作者曾耗费大量时间和精力来研究用途广泛的推进系统，以将物体送入太空，现在他精心准备，为读者带来了火箭科学和太空探索等诸多方面的流畅叙述。书中，他介绍了火箭历史，追溯了迈索尔（Mysore）王国和大英帝国间的战争及其如何促进18世纪欧洲火箭的发展；阐述了火箭原理、火箭系统发展、火箭设计方法和空间技术进步等多方面的内容。作者还介绍了火箭技术的发展如何影响卫星业务进行多项拓展。实际上，通过运用通信、广播、气象、遥感和导航等功能，人类活动的几乎所有方面都要依赖空间系统的应用。

　　本书重点：

- 探寻宇宙、太空探索和火箭学之间的联系。
- 探讨诸如保护地球免受小行星、太空碎片的威胁以及减少气候变暖带来的危害等主题。
- 涵盖为各种应用而设计火箭所采用的基本方法。

- 涵盖经过多目标优化，实现的系统和卫星发射设计理念的差异。
- 考察地球环境保护的有关材料。

很明显，技术进步不断影响着人类的思维过程，也刺激了人类欲望；反之亦然。19世纪后期，康斯坦丁·齐奥伊科夫斯基（Konstantin TsioIkovsky）就说过："地球是人类的摇篮，但人类不能永远被束缚在摇篮里。"而今，埃隆·马斯克（Elon Musk）不仅提出要让人类成为多星球物种，而且正在朝着这个目标努力。作者在第1章中就对读者阐述了地球生命的开始、影响地球环境的问题、发展的可持续性，以及对地球生命的威胁，还阐述了人类为寻找"地球2.0"①所做出的努力。

本书收集了大量关于火箭技术、太空技术对地球生命的影响以及寻找"地球2.0"的信息，光是做到这一点，作者就值得称赞。

我相信本书一定会深受广大学生群体和其他读者的喜爱。

A·S·基兰·库马尔

维克拉姆·萨拉巴伊教授（印度空间研究组织）前民政事务处秘书

印度班加罗尔

2021年12月22日

---

① 地球2.0：浩瀚宇宙，人类除了地球之外，还能找到第二个可以星际移民的"家园"吗？对于宇宙的想象，人类从未停止。20年前，抱着这样的疑问，天文学家设计了开普勒太空望远镜，开展对宇宙的"行星普查"，希望找到和地球相似的绕着类太阳恒星运行的宜居行星，即"地球2.0"；但受限于此前的技术和对银河系其他恒星的认识，那些遥远的"地球2.0"的行星信号总是如此微弱，以至于人类未能发现它们的存在，更无法解读它们的奥秘；随着科技的进步，科学家们终于将目光再次投向遥远的太阳系外的"地球2.0"行星。

前　言

在俄罗斯时，我参观了康斯坦丁·齐奥尔科夫斯基（Konstantin Tsiolkovsky）在卡卢加（Kaluga）的住所，那里距离莫斯科 140 km。他的住所现在成了博物馆，我坐在他那把已有百年历史的旧椅子上，用他亲手制作的望远镜眺望天空。他的故事很励志：因双耳失聪，他从小辍学，但后来通过自学成为了一名中学教师。是他提出了人类登陆火星、殖民其他星球的愿景。1886 年，远在飞机发明之前，他便设计了一种火箭并给出了相关方案。他的书房给我的感受与寺庙无异。他曾提出"地球是人类的摇篮，但人类不能永远被束缚在摇篮里"，这与人类探寻类地新行星的努力紧密相关。美国国家航空航天局（NASA）的"毅力号"就是一种尝试，研究地球的相邻星球是否适合人类居住。这意味着人类文明很快就会在地球之外传播开来。康斯坦丁的设想正在变成现实，人类正以冒险之势探索太空，甚至还会探索比火星更远的空间。

我在读工程学时，参加了一个科学展览，展示了一个独特的处理器，吸引了很多杰出人物，其中就有拉曼（CV Raman）爵士和维克拉姆·萨拉巴伊博士。萨拉巴伊博士把右手搭在我的肩膀上，这一触让我心神振奋，下定决心在 1969 年加入了印度空间研究组织。与阿卜杜勒·卡拉姆博士长达 40 年的合作经验，以及与萨蒂什·达万教授的互动交流，让我扎根火箭科学和航空航天工程领域，特别是在印度空间研究组织参与了卫星运载火箭 3 号（SLV - 3）、极轨卫星运载火箭（PSLV：Polar Satellite Launch Vehicle）的装配，后来在印度国防研究与开发组织参与了综合制导导弹发展计划。他们培养我研究火箭和后来成型的导弹，布拉莫斯就是在此过程中诞生的。作为一名火箭科学家，我的科研旅程历经各种挑战，也开辟了多种可能性。

在加入印度空间研究组织之前，我对火箭一无所知。当时的通信手段有限，我们无法跟上科学发展的步伐。如今，空间科学已然成为一个非常重要的领域，每位相关专业的学生都必须掌握基础知识。但即便有更好接触连接世界的方式，印度目前的教育体系还不能帮助年轻人提升思考和创新能力。孩子们很少能接触到火箭科学的相关知识。因此，本书旨在以轻松的方式激发后代对火箭技术的兴趣，并加深对宇宙的理解。

广袤无垠的宇宙中有无数机会，这些孩子接受了高等教育后，他们就能成为这其中各个细分领域的新一代开拓者。空间探索、太空旅行、行星殖民、新兴的外来技术，以及在银河系外行星生活的生物需求，在未来许多年里都需要一批年轻的科学家创新开拓。

　　人类对空间服务的需求日益增长——成像、移动通信、全球定位系统、灾害管理、通过在轨为卫星提供燃料以延长卫星寿命、空间站操作、偏转向地球袭来的小行星运行轨道以及减少轨道碎片……，都需要可重复使用的低成本火箭和富有创新性的解决方案。因此，这门科学的基本知识必须得在校传授。

　　由维克拉姆·萨拉巴伊设想、萨蒂什·达万精心培育的印度空间研究组织已经取得了非凡的成果，印度也由此成为世界上领先的航天国家之一。印度空间研究组织鼓励大学生们建造纳卫星，并免费用极轨卫星运载火箭搭载发射。学生们受到极大鼓舞，这类卫星已有十多颗被送入轨道。近来，由 1 000 名学生制作的 100 颗飞卫星通过氦气球在高空发射，遥测数据良好。看到这些进展时，我仿佛也能望见孩子们兴奋的脸庞。但我发现关于火箭的书很少，已有的大多还是几十年前写的，只是现在再版。这些书中的理论和公式只对设计火箭的专家有用。因此，我认为很有必要向初学者、本科生和在校学生们介绍火箭科学。所以在本书中，我只阐述了一些基本的公式和计算方式。此外，我认为还需了解火箭的用途，如发射绕轨道飞行的航天器和望远镜进行太空探索，了解宇宙大爆炸理论。

　　书中的章节涵盖对宇宙的认知，火箭技术的发展，火箭原理，火箭系统的发展，设计方法论，卫星、轨道和任务，先进火箭技术，地球保护与地理空间技术，以及对"地球2.0"的思考。

　　希望本书能满足青年学子、刚入门的太空爱好者以及工科类研究生的好奇心。

致　　谢

　　谨在此表达对 NASA、欧洲航天局、印度空间研究组织、俄罗斯联邦航天局及其他空间组织和网站的感谢；感谢拼趣（Pinterest）、太空网（Space.com）和维基百科；许多火箭科学类书籍为本书的创作提供了价值参考，在此一并向列出的参考书目作者表示感谢。感谢印度空间研究组织和印度国防研究与开发组织让我有机会与杰出的火箭科学家和优秀的导弹技术专家一起工作，许多有价值的想法都是受他们的启发而产生的。NASA 为学龄儿童设计的火箭科学课程和教育指南是本书的灵感和指导来源，为此对 NASA 表示感谢。

　　感谢印度空间研究组织前主席库马尔（A. S. Kiran Kumar）博士为本书作序，近来我和他一起在印度空间研究组织总部工作。

　　感谢印度科学院的 G. Jagadeesh 教授和拉迈亚大学（MS Ramaiah University）航空航天工程系的 Narahari K. Hunsur 教授为本书手稿作出客观评审。衷心感谢印度国防研究与发展组织的 K·维贾伊·阿南德先生和布拉莫斯的哈里哈兰先生与我密切合作、编辑形成本书。还要感谢苏雷卡·考尔女士、布拉莫斯知识中心和我的很多朋友，在创作本书时提出了宝贵的建议。

目　　录

第 1 章   概   论

过去的 5 万年间,有超过 1 000 亿人曾生活在地球上。近千年来,人类不断仰望星空、遥望星河,崇拜着头顶上的太阳和月亮。早在公元前 3 000 年,印度"圣人"就开始谈论宇宙奇观、能量转换,甚至是太空旅行。但在过去的 3 个世纪里,对宇宙奥秘的科学理解和证实宇宙形成的理论才开始不断涌现,并随着大型望远镜、宇宙飞船的相继出现,困惑人类已久的太空才得到进一步的探索。当火箭发射成为我们探索太空的日常,卫星技术的应用成为人们生活中不可或缺的一部分,人类对太空探索的兴致和热情也日益高涨。太空技术的应用逐步涵盖传媒、天气预报等领域。特别是在后疫情时代,人类生活逐步向数字化时空转变,空间技术的应用在网络会议、校园网课和国际会议中变得愈加重要。

让我记忆犹新的是,在 1969 年 7 月收音机里尼尔·阿姆斯特朗登月的实况转播,那个时候,我个人刚刚完成了工程学学位的攻读,递交了加入 ISRO①的申请。彼时,我曾梦想,未来印度人终有一天也能登上月球。如今,人类已实现航天器在月球和火星登陆,当看到"毅力号②"探测器飞行任务的完成、航天员可以在空间站中绕轨飞行数月时,我振奋不已。在不久的将来,火箭发射的宇宙飞船必能飞往宇宙更深处,勘测行星、月球、太阳、银河系,甚至是探索适合人类居住的太阳系外的行星,这些活动的实现无一不让人内心澎湃。也正是如此,我们需要更加深入地理解火箭和新兴空间技术对于宇宙探索的意义,这也是本书将宇宙起源作为开篇的主要考虑。

我们必须了解火箭技术的发展历程以及未来的发展趋势,因为正是这些发展造就了当下令人着迷的太空时代。自人造卫星时代③以来,火箭已然成为了人类探索浩瀚宇宙的主要手段,其任务是为所搭载的卫星提供摆脱地球引力所需的速度和高度,并将卫星准确送入预定轨道。为了确保任务的成功完成,必须确保火箭上约百万级零部件的正常工作。从这个角度来看,火箭科学绝不是易如反掌之事。但是对于现代高中生而言,火箭的基本原理又是很容易理解的。基于此,本书重点探讨火箭的发展、开发和如何应用于提高人类生活质量,以及探索宇宙的相关内容。

在历史的长河中,人类总想预知未来、掌握自己的命运。极有趣的是,有占星家将出生时间对应的星座作为参照物,根据天体的运动规律和方位来预测我们的未来。在印度神话中,人们通过围绕着以太阳神苏里亚为中心的八大行星神的雕像祈祷,即象征着行星围绕太阳转动,

---

① ISRO:印度空间研究组织(Indian Space Research Organization),是印度的国家航天机构。其创立于 1972 年,总部位于班加罗尔。该组织主要从事与航天和空间科学有关的研究。

② "毅力号":"毅力号"(Perseverance/Mars 2020),又名火星 2020,是美国国家航空航天局研发的大型火星车。它将对火星表面环境进行移动研究,特别强调可居住性、过去的生命以及为未来任务收集样本。世界时 2020 年 7 月 30 日上午 11:50,"毅力号"搭乘 Atlas－5 火箭从卡纳韦拉尔角成功发射升空。2021 年 2 月 18 日 20:55,"毅力号"着陆成功。

③ 译者注:原文为 Sputnik——斯普特尼克 1 号,是苏联研制发射的第一颗人造地球卫星。它是一个直径 0.58 m、重 83.6 kg 的金属球状物,内含 2 个雷达发射器和 4 条天线,还有多个气压和气温调节器,用途是通过向地球发出信号来提示太空中的气压和温度变化。

以此来帮助人们避免生活中将要发生的不幸。那么问题来了：遥远的星球是如何影响人类生活的呢？我在寺庙里绕着八大行星神走过时，太阳神在中心，个人感受是，绕太阳一圈太容易了，当我如此循环数万次时，现实世界中的地球围绕太阳转动也不过 74 圈。行星对地球的影响到底有什么科学依据？在人类研究太阳、行星和月球的过程中发现，它们通过与地球之间的引力、磁力、太阳的聚变能和弦振动而相互影响。由此我相信，根据行星的瞬时位置，尤其是根据木星和土星这两个大行星的位置及其对我们的影响，便可以准确地预测相关天体事件。数千年来，印度人一直都在练习占星术，以准确预测未来事件。早在 5 000 年前，印度人就掌握了一定的宇宙学和能量转换规律，他们对天体运动及其相互影响的预测是相对准确的，甚至通过深度冥想，印度的"圣人"可以想象宇宙形成和天体运动的画面。

著名的宇宙学家卡尔·萨根[1]（Carl Sagan）曾说过：

印度教是世界上唯一一个忠于宇宙本身且经历过巨大的、实际上是无数次死亡和重生的伟大信仰。它是唯一一种时间尺度与现代宇宙科学相一致的宗教。从我们平常的白天和黑夜到梵天的白天和黑夜，它们的时间周期长达 86.4 亿年，比地球甚至比太阳的岁月还长，大约是大爆炸（宇宙大爆炸）时间的一半。

被称为航天之父的康斯坦丁曾设想人类征服太空并在火星上定居。1886 年，他设计了一枚火箭，以期帮助人类登陆火星，并提供了相关的方程式（数学模型），人们受其思想影响，开始研究太阳系内外的行星，寻找人类可能的其他居住地。

本书期望通过对在轨航天器和望远镜、火箭原理、新太空技术的阐述，以及对地球和太阳的未来的展望，启发大家对宇宙进行进一步的了解。

---

① 卡尔·萨根：卡尔·爱德华·萨根（Carl Edward Sagan，1934.11.9—1996.12.20），美国天文学家、天体物理学家、宇宙学家、科幻作家，同时也是非常成功的天文学、天体物理学等自然科学方面的科普作家，行星学会的成立者。小行星 2709、火星上的一个撞击坑以他的名字命名。

第 2 章 宇宙的起源

在本章,我们将详细介绍西方关于宇宙的科学思想,并帮助读者了解太阳系和地球上生命的演变。这一切皆始于人类对宇宙探索、调查和学习的好奇心、对获取天空奇观的知识和技能的渴望,以及对空间技术和火箭技术的使用。

2.1 不断涌现的关于宇宙的新科学思想

希腊哲学家亚里士多德(Aristotle)[①]认为,宇宙永远存在,从古至今看不到任何变化,因此,它没有被创造出来。他推断:自然灾害一再使人类文明回到起点,而这种循环仍在继续。与为避免神的干预而创造出的东西相比,永恒之物更加完美。相反,那些相信宇宙之始的人,便以此来证明上帝这一宇宙创造者的存在。

那么,这一切是如何开始的呢? 宇宙会存在多久? 太阳会存在多久? 人类会发生什么? 地球会发生什么? 它会变得像火星一样干燥吗? 月球和火星会成为人类开采资源之地吗? 它们能成为其他行星任务的发射中转站吗? 唯有进行太空探索,这些问题才能得到解答。NASA、喷气推进实验室(JPL:Jet Propulsion Laboratory)、欧洲航天局(ESA:European Space Agency)在行星探测上下了很大功夫,他们向遥远的行星发射宇宙飞船和在轨望远镜,以此标定绘制了宇宙星系、恒星和黑洞的方位图。其中,哈勃望远镜(Hubble Telescope)在了解未知事物方面的贡献卓越。而詹姆斯·韦伯望远镜(the James Webb Telescope)飞抵日地拉格朗日 L2 点,使人类对宇宙之谜的揭露将更进一步。我们来一起了解一下相关理论和科学发现。

现代对宇宙的理解始于 16 世纪尼古拉斯·哥白尼(Nicholas Copernicus)、伽利略·伽利雷(Galileo Galilei)、约翰内斯·开普勒(Johannes Kepler)、第谷·布拉赫(Tycho Brahe)和艾萨克·牛顿(Isaac Newton)的发现;到 20 世纪,阿尔伯特·爱因斯坦(Albert Einstein)、斯蒂芬·霍金(Stephen Hawking)、埃德温·哈勃(Edwin Hubble)等伟大科学家和天文学家,还有一些为科学真理发声的人相继出现。接下来,我们将探讨一些有趣的知识点,以加深对宇宙的理解。

2.1.1 广义相对论

阿尔伯特·爱因斯坦(Albert Einstein)是 20 世纪最伟大的科学家。1905 年,注定将成为爱因斯坦和整个物理学历史上的"奇迹之年"(Annus Mirabilis)。这一年,他发表了 4 篇具有

---

① 亚里士多德(Aristotle,公元前 384—公元前 322),古代先哲,古希腊人,世界古代史上伟大的哲学家、科学家和教育家之一,堪称希腊哲学的集大成者。他是柏拉图的学生、亚历山大的老师。

划时代意义的论文。这 4 部作品改变了人们对空间、时间和物质的看法：

①《关于光的产生和转化的一个启发性观点》——对量子理论发展至关重要。

②《关于静止液体中悬浮小粒子的运动》——为原子理论提供了经验证据。

③《论动体的电动力学》——阐明狭义相对论。

④《物体的惯性同它所含的能量有关吗?》——这篇开创性的文章给出了著名的能量和质量相等的公式（$E = mc^2$）。

年仅 26 岁的他在一年内就发表了以上所有文章。

1915 年，爱因斯坦向世界介绍了他具革新性的广义相对论，将时空作为一个动态实体，颠覆了人类对宇宙的理解。他推翻了许多基于早期物理理论的假设，重新定义了空间、时间、物质、能量和引力等基本概念。

时空会被包含其中的任何物质所扭曲。"物质告诉时空如何弯曲，时空又告诉物质如何运动。"广义相对论认为，即使是光也会受引力影响——而这一预言已被无数天文观测所证实。此外，它还预测了引力波和黑洞等奇异现象。爱因斯坦的理论和其发表的相关言论正在得到不断的证实，具体如下：

① 时间是第四维度。

② 光速不变。

③ 在空间中移动的时间越快，在时间上移动的速度越慢。

④ 在质量大的物体附近，时间流逝更慢。

⑤ 重力是时空的曲率。

⑥ 重力以波的形式传播。

20 世纪 90 年代初，1687 年发表的牛顿万有引力定律被认为是描述质量间引力的有效方法。在牛顿的模型中，重力是两个大质量物体间引力的结果。

牛顿万有引力定律指出，宇宙中任何两个粒子间的引力与它们质量的乘积成正比，与它们中心之间距离的平方成反比。

实验及观察结果表明，爱因斯坦在相对论中对万有引力的描述解释了一些牛顿定律无法解释的效应，比如水星和其他行星轨道上的微小异常。广义相对论还预测了新的引力效应，如引力波、引力透镜和引力时间膨胀。爱因斯坦的许多预言已被实验或观测证实，最近得到证实的是引力波。

广义相对论为目前理解黑洞提供了基础——黑洞是引力效应强到连光都无法逃脱的空间区域。它们的强大引力被认作是某些类型的天文物体（如活动星系核或微类星体）发出强烈辐射的原因。广义相对论可以同量子物理定律相协调，从而产生一个完整的、自洽的量子引力理论。这也是欧洲核子研究中心（CERN：European Organization for Nuclear Research）宇宙学标准大爆炸模型研究框架的一部分。

2.1.2　爱因斯坦方程式

爱因斯坦方程式是广义相对论的重要组成部分，其利用数学方法，提供了时空几何和物质性质之间关系的精确公式。

如前文所提到的，时空的物质含量定义了另一个量——动量张量 T，而"物质告诉时空如何弯曲，时空又告诉物质如何运动"的原理意味着这些量必须彼此相关，如图 2.1 所示。

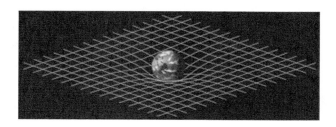

图 2.1 时空曲率示意图

卡西尼号空间探测器(the Cassini space probe)对广义相对论的高精度测试(艺术家的印象)：地球和探测器间的无线电信号因太阳质量造成时空扭曲而延迟,如图 2.2 所示。

图 2.2 无线电信号弯曲示意图

通过使用黎曼曲率张量和度规,爱因斯坦定义了另一个几何量 G,现名为"爱因斯坦张量",描述时空弯曲的方式。爱因斯坦场方程表明

$$G = (8\pi G/c^4) \cdot T$$

亦即,直到一个常数倍数,量 G(测量曲率)等于量 T(测量物质含量)。在该方程式中,G 是牛顿引力的引力常数,c 是狭义相对论中的光速。(在数学中,张量是一个代数对象,描述与向量空间相关的代数对象集之间的关系。)

2.1.3 证明爱因斯坦的理论

- 爱因斯坦关于物理作用力定律的公式确保无论物体如何移动,所有的科学家都使用相同的定律。新的万有引力定律取代了牛顿定律,现已成为人类最好的创造,并成为了人类智慧上的挑战。
- 相对论极重要的结论是阐明能量和质量之间的关系：$E = mc^2$。这可能是物理学中唯一连普通人都认可的方程。方程表明,粒子运动加速到光速,就能产生巨大的能量。

如果一个铀原子的原子核裂变成两个总质量较小的原子核,就会释放出巨大的能量。

- 斯蒂芬·霍金(Stephen Hawking)曾断言,爱因斯坦通过几项实验建立的相对论证明了时间和空间是密不可分的。人不可能在不涉及时间的情况下弯曲空间。因此,时间是有形状的。由于重力是有吸引力的,物质总是会扭曲时空,使光线相互弯曲。

2.1.4　被证明的爱因斯坦理论

引力透镜、引力波、时间膨胀和黑洞已被证明。而爱因斯坦关于白洞和虫洞的理论还有待于证明(见图 2.3)。

图 2.3　爱因斯坦广义相对论中的预测证实情况一览

2.1.5　引力透镜效应

引力透镜效应是远处光源和观测者之间的物质分布(如星系团),当光线向观测者移动时,它能够使来自光源的光线发生弯曲。

类星体,也被称为类恒星物体,是一个极其明亮的活动星系核,其中一个质量是太阳质量数百万到数十亿倍的超大质量黑洞被一个气体吸积盘包围。

爱因斯坦十字(架):由引力透镜产生的等距类星体的 4 张图像。由于一个非常遥远的物体发出的光在穿越许多星系的引力场时会发生偏转,因此这束光有可能会沿着两条或两条以上的路径到达观测者处。所以,地球上多个地方的观测者能在夜空中看到同一个天体。这种引力效应被称为引力透镜效应。

2.1.6　引力波

就像海浪是水的晃动,声波是空气的运动一样,引力波同样是时空结构中的涟漪。你可以想象周围的世界被 3D 网格线覆盖,这些物理坐标的扭曲和拉伸就是引力波。

引力波是爱因斯坦理论的直接产物。如同时空中的涟漪,它是一种以光速传播的几何变形。2016 年 2 月,经过大规模升级后的 LIGO 团队宣布,他们成功探测到来自于两个黑洞合并的引力波信号。这样的恒星对相互围绕运转,此过程中,它们因发射引力波而逐渐失去能量。引力波观测可用来获取致密天体的信息,如中子星和黑洞;也可用来探测大爆炸后 1 s 内宇宙的早期状态。

此次探测到的波是由两个黑洞以螺旋状相互靠近,最终相互碰撞而产生的。科学家们发布了迄今为止 90 次探测中最大的 35 个引力波事件目录,为宇宙中最大质量物体、黑洞和中子星之间的相互作用提供了新的线索。

2.1.7 宇宙论

广义相对论可应用于宇宙整体。目前的所有观测皆表明,平均而言,无论观测者的位置或观测方向如何,宇宙结构都大致相同。宇宙是几乎均匀且各向同性的。这样一个相对简单的宇宙可以用爱因斯坦方程的简单解来描述。目前宇宙的宇宙学模型是通过将广义相对论的这些简单解与描述宇宙物质含量的理论(即热力学、核物理和粒子物理)结合起来得到的。根据这些模型,我们现在的宇宙产生于大约 138 亿年前的大爆炸——密度极高的高温状态,从那时起就一直在膨胀。

2.1.8 大爆炸理论

大爆炸理论作为流行的宇宙学模型,解释了从已知的最早时期到随后的大规模演化的可观测宇宙的存在。该模型描述了宇宙从高密度和高温大爆炸的初始状态开始膨胀的过程,而膨胀始于 10^{-36} s。它为广泛的观测现象提供了全面的解释,包括其中丰富的化学元素,如氘、氦和其他元素,以及宇宙微波背景辐射(CMB)和大尺度结构。

根据这一理论估算,空间和时间在 137.78 亿～138.2 亿年前同时出现,最初存在的能量和物质随宇宙从辉光开始膨胀,密度逐渐减小。如图 2.4 所示为大爆炸和空间度量扩张的时间轴,其中空间包括宇宙中假设的不可观测部分,每个时间都由圆形部分表示。急剧膨胀发生在膨胀纪元;而中心则扩张加速(此部分按照艺术家的概念,不按比例)。

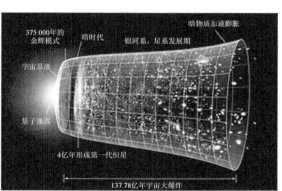

图 2.4 大爆炸和空间度量扩张的时间轴

1949 年,英国宇宙学家弗雷德·霍伊尔(Fred Hoyle)第一个将这一过程称为大爆炸,认为这个密度惊人的原始物质/能量点发生了爆炸。几秒钟内,火焰球以接近光速或更快的速度喷射出物质/能量。在后来的一段时间里,能量和物质开始分裂,成为独立的实体。

2.1.9　欧洲核子研究中心(CERN)——发现上帝粒子

欧洲核子研究中心,即欧洲核研究组织,是世界上最大和最权威的科学研究中心之一,其业务是研究基础物理学,探寻宇宙的组成及其运作方式。2005年,我和阿卜杜勒·卡拉姆博士一同去欧洲核子研究中心,在入口处我看到了一座巨大的湿婆雕像,象征着湿婆的宇宙创造之舞。

包括印度在内的许多国家的科学家都参与了这项研究,而欧洲核子研究中心还是万维网(WWW)的发源地。

欧洲核子研究中心的研究人员正在使用名为大型强子对撞机(LHC)的27 km圆形加速器来加速被称为质子的亚原子粒子,使其接近光速(见图2.5),以方便理解宇宙的形成以及大爆炸后瞬间运动的粒子。人们认为这些大爆炸粒子的速度应该比光速还要快。

图2.5　欧洲核子研究中心的大型强子对撞机

重原子核在大型强子对撞机中相互撞击时,组成原子核的数百个质子和中子会将大部分能量释放到一个很小的体积中,从而产生一个夸克和胶子的火焰球。这些微小的夸克胶子等离子体只能存在短暂的瞬间。通过研究碰撞中产生的粒子——在等离子体产生之前、期间和之后,研究人员可以研究等离子体从产生的那一刻到冷却再到形成一种称为强子的复合粒子的状态。然而,等离子体不能直接被观测到,其存在和性质是从它在碰撞中产生粒子的实验特征以及与理论模型的比较中推导出来的。

2.1.10　大爆炸后的宇宙

大爆炸后,宇宙在10^{-32} s内形成,基本元素在$1\ \mu$s内进化,恒星和星系在2亿年后形成(见图2.6)。膨胀宇宙的存在意味着宇宙已经从物质密集型演变成现在星系的广泛分布型。

因为有压倒性的证据,大多数宇宙学家和理论物理学家都支持这一理论。尽管如此,仍有杰出的宇宙学家质疑大爆炸理论和单一宇宙论。

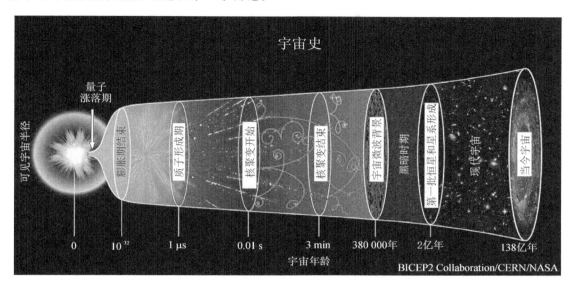

图 2.6　宇宙史图解。0、10^{-32} s 及大爆炸后的 1 μs、夸克-胶子等离子体中的质子

希格斯玻色子(以希格斯教授和 S N·玻色博士命名,以玻色-爱因斯坦凝聚态[①]而闻名)是与希格斯场有关的粒子。希格斯场是一种能量场,可以将质量传递给穿过它的物体。其在碰撞时会产生超高能量的混搭物,喷射出亚原子粒子,有时,希格斯玻色子可能就是其中的一种。

欧洲核子研究中心的科学家宣布,在最初的测试中,中微子——幽灵般的亚原子粒子,可能被观察到比光速快几分之一秒。

"如果这是真的,它将动摇物理学的基础。"芝加哥费米实验室理论物理系主任斯蒂芬·帕克(Stephen Parke)在最初的声明发布后立即表示。但后来的测试证实,中微子粒子也以光速传播,这证明了阿尔伯特·爱因斯坦在近一个世纪前建立的物理学基本规则。

为推翻爱因斯坦的理论,需要继续进行实验以证明上帝粒子[②]的速度比光速还快。

2.1.11　红移——我们不断膨胀的宇宙

1929 年,在加州威尔逊山天文台工作的天文学家埃德温·哈勃(Edwin Hubble)宣布,其观测到的所有星系都在以超过光速的速度远离地球和彼此。哈勃发现,恒星并非均匀分布在太空中,而是聚集在一起,形成一个巨大的集合,称为星系。通过测量来自星系的光,哈勃可以确定它们的速度。宇宙随着时间而不断扩大。遥远星系间的距离随着时间的推移而增大(见

---

①　玻色-爱因斯坦凝聚态(Bose-Einstein condensate,BEC)是玻色子原子在冷却到接近绝对零度所呈现出的一种气态的、超流性的物质状态(物态)。这种大量的具有玻色统计性质的粒子,如同原子"凝聚"到同一状态,称为玻色-爱因斯坦凝聚态。

②　希格斯玻色子(Higgs boson),又称为"上帝粒子",在 GSW 电弱统一理论中引起规范对称性自发破缺并给其他基本粒子提供质量的自旋量子数为 0 的基本粒子,质量约为 125 GeV。其 2012 年 7 月被欧洲核子中心(CERN)的大型强子对撞机(LHC)实验发现。

图 2.7）。

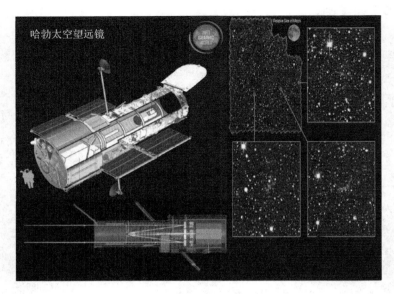

图 2.7　哈勃太空望远镜观测到的星群

为记录这些星系的速度,哈勃利用了多普勒效应(Doppler effect)。当波源,如光或声音,相对于观察者或听众移动时,就会发生这种现象。如果源在远离,则波的频率就会下降;声音的音调变低,而光倾向于朝来自星系光谱的红色端移动。

哈勃使用了分光镜,这种设备可以分析光中存在的不同频率。他发现,来自太空中遥远星系的光会向光谱的红色端移动。每个星系在天空中的位置并不重要——因为所有星系都被红移了。哈勃对这种变化的解释是,星系在运动,呼啸着离开地球。哈勃认为,红移越大,星系的速度就越大。

哈勃对红移的观测表明,遥远的星系集中离开地球的速度与离我们的距离成正比。这意味着这些星系一定是同时形成的,并且在一起运动。

2.1.12　物理基本力

物理力在我们的日常活动中无处不在,把火箭发射到太空也体现了基本力的应用。但我们并未意识到每天会经历的所有力。4 种基本力如下:
- 引力(作用距离较远);
- 电磁相互作用力/电磁力(将原子聚集在一起);
- 弱相互作用力/强力(电子的相互作用);
- 强相互作用力/弱力(将原子核聚集在一起)。

这 4 种力被称为自然界的 4 种基本力,它们支配着宇宙中发生的一切。

2.1.13　引　力

引力是两个具有质量或能量的物体质点之间的吸引力,如月球能引起地球上的海洋潮汐。引力可能是最直观、人们最熟悉的基本力,但它也是最难解释的力之一。

艾萨克·牛顿(Isaac Newton)将引力描述为两个物体之间的引力。牛顿万有引力定律指出,两个物体之间的引力和它们质量的乘积成正比,和它们之间距离的平方成反比。

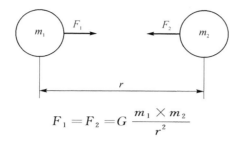

$$F_1 = F_2 = G \frac{m_1 \times m_2}{r^2}$$

式中　F——引力;

　　　　G——引力常量,$G = 6.67 \times 10^{-11}$ N·m²/kg²;

　　　　m_1 和 m_2——所考虑物体质点的质量;

　　　　r——m_1 与 m_2 的距离。

引力使行星绕着太阳转,月球绕着地球转。

几世纪后,阿尔伯特·爱因斯坦通过其广义相对论提出,引力不是一种吸引力或力;相反,它是物体弯曲时空的结果。尽管引力将行星、太阳系、恒星和星系维系在一起,但它却是最弱的基本力,尤其是在分子和原子的方面。

2.1.14　电磁力

电磁力,也称为洛伦兹力,作用于带电粒子之间,如带负电的电子和带正电的质子。异性电荷相互吸引,同性电荷相互排斥。电荷越大,力就越大。同引力一样,这种力在无限远的地方都能感觉到。

顾名思义,电磁力由两部分组成:电力和磁力。无论带电粒子移动或静止,电子元件都在其间作用,形成一个电场,通过该电场,电荷可以相互影响。但一旦开始运动,这些带电粒子就开始表现出第二种力——磁力,而这些粒子在移动时会在周围形成一个磁场。

电磁力是一些最常见的现象的根源:摩擦、弹性、法向力、使固体以给定形状聚集在一起的力。这些情况之所以发生,皆因带电(或中和)粒子的相互作用。

2.1.15　弱核力

弱核力,亦即弱核的相互作用力,是粒子衰变的原因。这种力引起放射性,在恒星和早期宇宙元素的形成中起着至关重要的作用。这是一种亚原子粒子变成另一种亚原子粒子的确切变化。举个例子,一个中微子偏离到一个中子附近,就可以把中子变成质子,而中微子变成电子。

物理学家通过交换被称为玻色子的携带力粒子来描述这种相互作用。特定种类的玻色子负责弱核力、电磁力和强核力。在弱核力中,玻色子是带电粒子,称为 W 玻色子和 Z 玻色子。当质子、中子和电子等亚原子粒子彼此间隔 10^{-18} m 以内,或质子直径的 0.1% 时,它们就可以交换玻色子。而根据乔治亚州立大学的超物理网站的研究,其结果是:亚原子粒子衰变为新的粒子。

这种弱核力对核聚变反应而言至关重要,核聚变反应为太阳提供动力,更为地球上大多数生命形式提供所需能量。这也是为什么考古学家可以用碳-14来确定古代骨骼、木材和其他流传下来的文物的年代。碳-14有6个质子和8个中子;其中一个中子衰变为质子,生成氮-14,氮-14有7个质子和7个中子。这种衰变以可预测的速度发生,便使科学家们能够确定这些文物有多古老。

2.1.16 强核力

强核力是自然界4种基本力中最强的一种。它是引力的6×10^{39}倍。这是因为它能将物质的基本粒子结合在一起,形成更大的粒子。它将组成质子和中子的夸克聚集在一起,强作用力的一部分也保持了原子核中的质子和中子的聚集状态。

2.1.17 统一性

基本力悬而未决的问题在于,它们是否仅仅是宇宙中一种巨大力的表现。如果是的话,它们中的每一个都应该能够与其他的力合并,并且现在已经有证据表明它们能够合并。万有引力理论是一种可以解释整个宇宙的理论框架。

然而,物理学家们却发现很难将微观世界与宏观世界相融合。从宏观角度,特别是从天文角度看,引力占主导地位,其最好的描述便是爱因斯坦的广义相对论。但从分子、原子或亚原子角度看,量子力学更好地描述了自然世界。到目前为止,还没有人能想出一个好办法来融合这两个世界。

2.1.18 膜宇宙学

电磁力、放射性和核相互作用的力被混杂在一个三维的膜世界中,如图2.8所示。而引力作用于空间的所有维度,因此它被发现比膜世界上的其他力弱得多(Ref·约翰·D·巴罗——宇宙之书)。

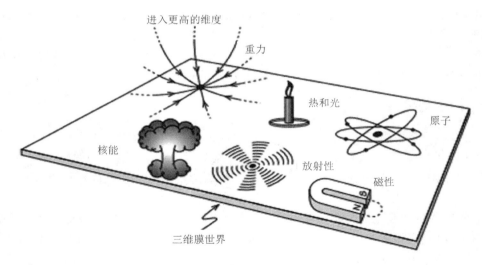

图2.8 三维膜世界

2.2　μ介子

依托伊利诺伊州巴达维亚的费米实验室(或称费米国家加速器实验室)进行了一项研究,通过检测亚原子粒子的行为来探寻物理学中新现象的迹象,正如欧洲核子研究中心网站所描述的那样,这一新出现的物质也被称为"μ介子"。世界上有比原子还小的基础构件。有些亚原子粒子包含更小的成分,而另一些则不能分解成任何其他基本粒子,μ介子就是这些基本粒子之一。它类似于电子,尽管它比电子重 200 多倍。

根据费米实验室的描述,μ介子 g-2 实验包括了将粒子送入一个长达 14 m 的环,然后施加一个磁场。物理学家发现,μ介子的摆动速度比预期的要快,这可能是由一种自然界的力量驱动的,在科学上是全新的。

2.2.1　弦理论

在粒子物理学中,弦理论是一种理论框架,在此框架中,点状粒子被称为弦的一维物体所取代。该理论认为:宇宙中所有的物质和能量都是由微小的弦组成的。这些弦可能有端点,也可能在闭环中相互连接。弦理论描述了这些弦如何在空间中传播并相互作用。从比弦尺度更大的距离角度看,弦就像一个普通的粒子,其质量、电荷和其他性质都是由弦的振动状态决定的。

弦理论试图将 20 世纪物理学的两大支柱——量子力学和爱因斯坦的相对论,与一个可以解释所有物理现实的总体框架结合起来。它试图通过假设粒子是一维的弦状实体来达到目的,该弦状实体的振动决定了粒子的性质,如质量和电荷。许多科学家因为其数学之美而相信弦理论。弦理论的方程是优雅的,其对物理世界的描述极其令人满意。在弦理论中,弦的许多振动状态之一对应于引力子——一种携带引力的量子力学粒子。因此,弦理论是一种量子引力理论。

2.2.2　恒星演化——恒星的生命周期

恒星是由坍缩的气体云和尘埃云形成的,通常被称为星云或分子云。在数百万年的演化过程中,这些原恒星逐渐达到了一种平衡状态。

恒星演化是指恒星随时间变化的过程。根据恒星的质量,其寿命从几百万年到最长的数万亿年不等。一颗恒星存在的大部分时间都由核聚变提供能量。最初,能量是由主序星核心的氢原子聚变产生的。后来,随着核心原子的优势变成氦,像太阳这样的恒星开始沿着围绕核心的球形壳层融合氢。这一过程导致恒星逐渐变大,经过亚巨星阶段,直到达到红巨星阶段。质量至少是太阳一半的恒星,也可以通过其核心的氢聚变来产生能量,而质量更大的恒星则可以沿着一系列同心壳层融合更重的元素。一旦像太阳这样的恒星耗尽了它的核燃料,其核心就会坍缩成一颗致密的白矮星,外层则被排出,形成行星状星云。质量约大于或等于太阳10 倍的恒星会在超新星中爆炸,因为它们的惰性,铁核心坍缩成密度极高的中子星或黑洞。尽管宇宙的年龄还不够大,最小的红矮星都没有到达其生命尽头,但恒星模型表明,它们会慢慢变得更亮、更热,然后耗尽氢燃料,变成低质量的白矮星,如图 2.9 所示。

13

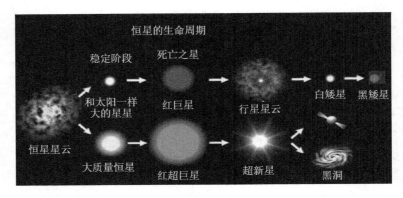

图 2.9　恒星的生命周期

1931 年,苏布拉马尼扬·钱德拉塞卡(Subrahmanyam Chandrasekhar)[1]使用狭义相对论计算出,电子简并物质的非旋转体超过一定的极限质量(现称为 $1.4M_\odot$ 的钱德拉塞卡极限[2])没有稳定解。($M_\odot$ 是太阳质量$(1.988\,47\pm0.000\,07)\times10^{30}$ kg)。当质量超过 $1.4M_\odot$ 时,电子的简并性就不再强大到足以抵抗地心引力,白矮星就会突然坍缩成中子星。钱德拉塞卡解释了白矮星的性质,并因此获得了诺贝尔奖。

2.2.3　黑　洞

黑洞是一种引力极强的宇宙体,甚至连光都无法逃脱。黑洞通常不能直接观测到,但它们可以通过其巨大的引力场对附近物质的影响而被间接"观测"到。奇点构成了黑洞的中心,隐藏在物体的"表面",即事件视界中。而在事件视界内,逃逸速度超过光速,以至于连光线都无法逃到太空中。

黑洞可以由大质量恒星的死亡形成。在大质量恒星生命的最后阶段,核心变得不稳定并自我坍缩,而其外层则被吹走。从四面八方落下的构成物质的巨大重量将垂死的恒星压缩到一个体积为零、密度无穷大的点,而这个点被称为奇点。

黑洞一旦形成,便会不断地吸收周围的所有质量,而在某些时候,甚至会与其他黑洞合并。科学家们假设,在任何星系的中心都有一个超大质量的黑洞。

1916 年,爱因斯坦通过其广义相对论首次预言了黑洞的存在。1967 年,美国天文学家约翰·惠勒(John Wheeler)创造了"黑洞"一词。几十年来,黑洞一直被认为是理论上的物体,但在 1971 年,人们发现了第一个物理黑洞。

而后,在 2019 年,事件视界望远镜(EHT)合作组织发布了有史以来第一张黑洞的图像。EHT 在观测事件视界时发现了 M87 星系中心的黑洞,而事件视界是指任何物体都无法从黑洞中逃脱的区域。这幅图像描绘了光子(即光的粒子)的突然损失,这也为黑洞的研究开辟了一个全新的领域。现在,天文学家们已经认识到,当一颗恒星耗尽其最后的燃料时,它可能会

---

①　苏布拉马尼扬·钱德拉塞卡是一位印度裔美国国籍物理学家和天体物理学家。钱德拉塞卡在 1983 年因在星体结构和进化方面的研究而与另一位美国天体物理学家威廉·艾尔弗雷德·福勒共同获诺贝尔物理学奖。

②　$1.4M_\odot$ 的钱德拉塞卡极限:钱德拉塞卡极限(Chandrasekhar limit)指白矮星的最高质量,约为 3×10^{30} kg,是太阳质量的 1.44 倍。这个极限是由钱德拉塞卡计算出来的。计算的结果会因原子核的结构和温度不同而有些差异。

坍塌或崩溃成自身。对于质量较小的恒星(约为太阳质量的 3 倍),新核心将形成中子星或白矮星。但是当较大的恒星坍缩时,它将继续压缩并形成恒星黑洞。

此外,量子场论预测黑洞会释放一种名为霍金辐射的辐射,其被定义为一个温度与自身质量成反比的黑体。

黑洞被分为 4 种类型。第一种是超大质量黑洞,简称 SMBH,是最大的一类,其质量达到了无法测量的太阳质量级别。第二种类型是中等质量黑洞,这是一个假设性分类,其质量范围在 100～1 000 000 个太阳质量之间。虽然中等质量黑洞的存在尚待证实,但从已知恒星不同位置可以间接证明它们的存在。第三种类型被称为恒星黑洞或恒星质量黑洞,在大质量恒星坍塌时形成,并且其重力场极强。它们的重力场能引起伽马射线爆发或超新星爆炸,并且具有 5～100 个太阳质量的特征值,而这种类型的黑洞也被称为坍缩星。此外,还有微型黑洞、迷你黑洞或量子力学黑洞,它们都是由史蒂芬·霍金于 1971 年提出的,并验证了解释现象所需的"小"物体。

在我们的星系附近探测到 3 个主要黑洞。

A0620－00 是一个位于麒麟座的双星系统,由序星和未知质量的主天体组成。科学家推测该系统中存在一颗恒星质量级别的黑洞,距离地球约为 3 000 光年。

天鹅座 X－1 是在天鹅座发现的一个星系 X 射线源类型的系统,被科学家广泛认为是一个黑洞。该星系于 1964 年被发现,是太空中研究最为广泛的天体之一,其质量估计为太阳的 15 倍。此外,该系统还属于一个名为天鹅座 OB3 的恒星联盟。这意味着天鹅座 X－1 已经存在了大约 500 万年,并来自一颗质量超过太阳 40 倍的恒星。

V404 天鹅座是一个双星系统,其中包括一个质量为 12 个太阳的质量的黑洞和一颗质量比太阳小的 K 伴星。这两者在极近距离内相互环绕,由于黑洞强大的引力以及它们之间的距离,恒星会失去其物质并被吸入黑洞吸积盘中。

黑洞由 5 个主要部分组成。一是视界,这是黑洞的定义特征,物质和电磁辐射只能进入黑洞的质量而不能逃逸。二是奇点,也就是黑洞的核心区域,曲率无穷大。三是光子球,在该球形边界上运动的光子被困在相对于黑洞的椭圆轨道上。四是 ergo 球体,在此区域内物体总处于移动状态,并受到帧拖曳现象的影响。五是最内层稳定圆形轨道(ISCO),其中粒子以不同距离稳定地绕中心物体运行。

根据斯蒂芬·霍金的理论,黑洞总面积在吸收质量后不会减小,这被称为黑洞力学第二定律。类似于热力学第二定律,任何系统的总熵之和永远不会减少。由于黑洞可以发出黑体辐射,在特定温度下与热力学相似,并且基于斯蒂芬·霍金发现的量子场论,进一步补充了这两个定律之间的联系。

超大质量黑洞可能是由大型暗物质集群产生的引力作用形成的,但我们无法直接观测到它们,因为暗物质不发光。

事件视界望远镜发布了 M87 核心超大椭圆星系中央 70 亿倍太阳重量级别的假彩色无线电波图像(2019 年 4 月 10 日),显示出一个新月形发射环和中心阴影,这是通过对其事件视界内光子捕获区域进行引力放大得到的结果。阴影大小约为视界直径的 2.6 倍(见图 2.10),而月牙形则是由黑洞旋转和相对论效应造成光束弯曲所致。

图 2.10 M87 黑洞

2.2.4 暗能量和暗物质

宇宙的组成

74％的宇宙被暗能量覆盖,暗物质覆盖 21％(截至 2021 年),所有的恒星、行星、小行星和气体加在一起只占宇宙的 5％,如图 2.11 所示。未来,随着宇宙的膨胀,暗能量的比例将会增加。(一些科学家声称暗能量占 72％,暗物质占 23％。)

在剩下的 5％中,氢和氦占 4％,恒星占 0.5％,中微子占 0.3％,像行星这样的重元素(数万亿颗)只占宇宙的 0.03％。我们大可想象地球,它不过是宇宙中微不足道的一个点。

2.2.5 暗能量

正如我们在红移中讨论过的,更遥远的星系以更快的速度远离我们,这表明宇宙正在经历膨胀。加速度意味着存在一种强大的排斥力(反重力),即暗能量。暗能量是真空能量,在宇宙中占据了 74％,并且还在不断增加。这种主导形式假设为膨胀提供了动力。

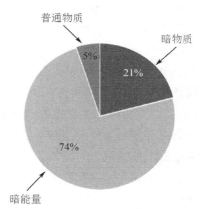

图 2.11 宇宙的组成

暗能量的背景

万有引力最显著的特征是其为拉力而非推力。爱因斯坦的引力理论涉及了一些卓越的概念,如黑洞、弯曲空间和排斥引力。即使在爱因斯坦的理论中,物质总是相互作用着;而排斥性引力——一种将物质分离开来的力——只会在特殊情况下出现。

当爱因斯坦引入"宇宙常数"(通常用 Δ 表示)时,他恰好在其理论中详细阐述了这一新特征——排斥力。这是一种"蒙混因素"。他平衡了宇宙常数的排斥引力和普通物质的吸引引力,从而创造出了一个静态模型来描述整个宇宙。然而,随着哈勃发现我们所处的宇宙并非静止不动而是正在膨胀之中,他放弃了使用该项天文学常数,并将其视为红移效应。

1998 年发现宇宙膨胀的加速性质,引起了人们对排斥性引力的再次关注。目前的假设认为,暗能量可能源自真空气泡效应,这种微小而普遍存在的影响足以将星系团分离开来,却不会从内部撕裂它们。暗能量没有局部引力效应,但对整个宇宙产生影响。

根据哈勃定律,人们试图通过观测来测量宇宙的膨胀率及其加速度。这些测量与其他科学数据一起,证实了暗能量的存在,并提供了对其数量的估计。尽管关于暗能量的本质仍无法达成共识,但该神秘力量对于加速推动宇宙膨胀具有至关重要的作用。

2.2.6 超新星爆发

科学家们研究了一起 Ia 超新星爆炸的具体案例,以深入探究这种神秘能量。该爆炸事件发生在 100 亿年前,当时宇宙正处于早期演化阶段。巨大的超新星爆炸释放出耀眼的光芒,在经过数十亿年的太空传播后形成了现今我们所观测到的景象。

天文学家们用哈勃望远镜来寻找遥远的超新星,在第二次观察哈勃深空时便捕捉到了它。天文学家可以比较和标准化这些光强度曲线,以提供一个工具来研究遥远的宇宙。这些曲线具有相同的形状,因为它们源自于相同类型的物体。由于天文学家知道 Ia 型超新星在爆发过程中会释放出多少能量,所以观测到的亮度告诉他们超新星距离地球 100 亿光年(见图 2.12)。

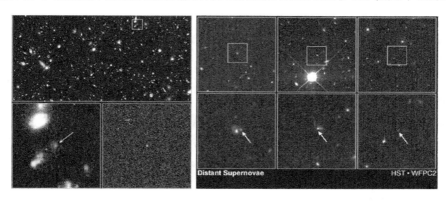

图 2.12 遥远的超新星

这次恒星爆炸的卓越之处在于其巨大的距离,同时也因为它的发现极力支持了暗能量这种神秘形式在宇宙中存在的假设。

20 世纪 80 年代末,劳伦斯伯克利国家实验室的天文学家索尔·珀尔马特创建了超新星宇宙学项目,通过观测这些爆炸事件来追踪宇宙膨胀的历程。珀尔马特和施密特因其开创性的工作获得了 2011 年诺贝尔物理学奖,他们的同行亚当·里斯领导高 z 超新星搜索小组进行分析。加速膨胀的发现被誉为过去 10 年中最重要的发现之一。

哈勃的发现进一步证实了一个惊人的观点,即宇宙正在加速膨胀,并且比过去更快。

在未来的 10 亿年中,由于暗能量的强烈影响,宇宙将经历更快速且湍流膨胀的过程,如图 2.13 所示。

图 2.13 揭示了自 140 亿年前宇宙诞生以来膨胀速度的变化。曲线越缓,膨胀速度越快。然而,在大约 70 亿年前,宇宙中的物体开始以更快的速度飞行,导致这条曲线发生了显著变化。据天文学家的理论推测,这种迅猛的扩张是由于一种神秘的黑暗力量正在将星系拉开。

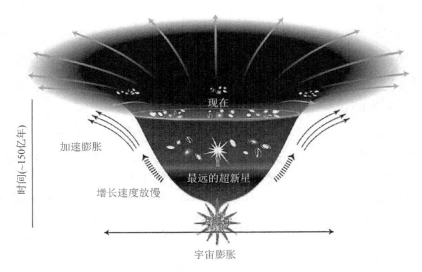

图 2.13　暗能量导致宇宙加速膨胀示意图

2.2.7　宇宙的动态——它永远不会缩小

Perlmutter、Schmidt 和 Riess 的工作是 10 年研究的巅峰,他们逐渐揭示了加速宇宙的线索,并提供了解决几个宇宙之谜的方法。

最主要的理论是真空能,也被称为宇宙常数。其核心观点在于,真空并非完全空无一物。昆士兰大学的塔玛拉·戴维斯(Tamara Davis)认为:"即使你将空间中所有的物质都移除,包括光子、中微子和任何粒子,它们仍然存在于完全虚无的状态下。因此,物质完全虚无是永远不可能实现的。"根据量子物理学,真空中的虚拟粒子可以突然出现或消失,并且产生一种负压——这些粒子是推动而非拉扯的。

2.2.8　新维度

另一种可能性是暗能量或许是一种尚未被发现的自然力量,类似于"精华"。在物质密度可变的宇宙中,不同地区以不同速度膨胀,这可能会导致加速膨胀的错觉。

天文学家希望不久就能从智利安第斯山脉的 Cerro Tololo 美洲天文台和詹姆斯·韦伯太空望远镜的观测结果中了解更多,通过绘制遥远宇宙星系和近 140 亿年来的宇宙膨胀历程,人类能够掌握这个宇宙之谜,即大爆炸以来的演化过程。

2.2.9　暗物质

1933 年,天文学家弗里茨·兹威基(Fritz Zwicky)观察到星系团中的星系以更快的速度运动,导致了星系团的聚集。20 世纪 50 年代后期,天文学家维拉·鲁宾发现星系的旋转速度过快,无法通过引力结合在一起。天文学家们得出结论,星系和星系团都好像比我们在恒星、气体和尘埃中发现的质量更大。缺失的物质即为暗物质,其无形无色。所有星系皆嵌于暗物质云中。

暗物质由不吸收、不反射或不发光的粒子构成,因此无法通过电磁辐射观测来探测。作为一种无法直接观察到的物质,我们之所以知道其存在,是因为它对可见物体产生了影响。大约 1/4 的宇宙是由暗物质组成的。

简而言之,暗物质是一种似乎仅通过引力相互作用而存在的物质形态。有多项证据支持该物质形式的存在。例如,我们可以观测到星团和宇宙中其他结构之间的引力相互作用。然而,这些结构所包含的物质仅凭借引力是无法维持其稳定性的,因此必须存在一些看不见的额外物质来支撑其旋转速度。

证明了暗物质的存在

如果科学家看不到暗物质,他们怎么知道其存在呢?

科学家通过研究太空中大型物体的运动来计算它们的质量。他们发现星系中恒星以相同速度运动,这表明星系包含的质量比可见物体更为庞大。对椭圆星系内气体进行研究也显示出,这些气体的质量超过可见物体。这种差异即为暗物质。

暗物质很可能导致图 2.14 所示中心星系周围的弧线形成微笑的脸庞。

图 2.14　太空星系旋转曲线形成的宇宙笑脸

圆盘星系的旋转曲线(也称为速度曲线)是星系中可见恒星或气体的轨道速度与星系中心径向距离的关系图。它通常以图形的形式呈现,从螺旋星系的每一边观测到的数据通常是不对称的,因此每一边的数据被平均以创建曲线。在观测到的实验曲线和将引力理论应用于星系中观测到的物质的曲线之间存在着显著的差异。涉及暗物质的理论是解释这种差异的主要假设解。

阿尔伯特·爱因斯坦证明了大质量物体会扭曲和弯曲光线,从而形成透镜效应。通过研究星系团对光的影响,天文学家已经成功绘制出宇宙中暗物质的分布图。这些方法都表明,未知物质占据着宇宙中的绝大部分。

科学家们已经发现,暗物质的一小部分由中微子构成。中微子是一种微小且高速移动的粒子,与正常物质几乎没有相互作用。例如,在意大利的格兰萨索国家实验室和南达科他州深层地下科学与工程实验室等地,研究人员正在尝试直接探测暗物质粒子,并在液化气低温冷却容器内捕获其撞击原子时产生的信号。迄今为止,还未成功捕获到活跃的暗物质粒子。然而,在考虑宇宙演化时,研究人员必须将暗物质纳入考虑范围。

暗物质的作用类似于引力,它是一种将我们的宇宙黏合在一起的"胶水"。尽管暗物质只与重力相互作用,但其为星系团动力学、星系旋转曲线、宇宙微波背景辐射以及子弹簇和大尺度结构形成等现象提供了证据。

2.2.10 多元宇宙

在宇宙学、物理学、天文学、宗教、哲学、超个人心理学、音乐和各种文学作品中,特别是在科幻小说、漫画书和幻想中,存在多元宇宙的假设。基于这些背景,平行宇宙也被称为"交替宇宙"。

诺贝尔奖得主罗杰·彭罗斯(Roger Penrose)在其《时间周期》(*Cycles of Time*)一书中对宇宙起源提出了完全不同的观点,并质疑大爆炸之前发生了什么。他的观点是,宇宙加速膨胀趋势将导致其走向另一次大爆炸。约翰·D·巴罗(John D. Barrow)在其关于宇宙的书中讨论了各种各样的多元宇宙理论。由此可见,著名的物理学家们对于宇宙之外是否存在其他宇宙存在分歧。

一些物理学家认为,多元宇宙并不是科学研究的正当话题。而有些人认为,多元宇宙是一个哲学概念而非科学假设,因其无法经过可证伪性检验。

2007年,诺贝尔奖得主史蒂文·温伯格提出,如果多元宇宙存在,那么我们为在大爆炸中观察到的标准模型中夸克质量和其他常数的精确值找到合理解释的希望注定要失败。因为这些值将是我们所处多元宇宙特定部分的偶然结果。

2010年左右,斯蒂芬·菲尼(Stephen M. Feeney)等科学家分析了威尔金森微波各向异性探测器(WMAP)的数据,并声称找到了证据,以表明这个宇宙在遥远的过去与另一个(平行)宇宙发生了碰撞。然而,通过对WMAP和普朗克卫星的数据进行更彻底的分析(普朗克卫星的分辨率是WMAP的3倍),并没有发现任何有统计学意义的证据证明这样的泡沫宇宙曾经发生过碰撞。此外,也没有证据表明其他宇宙对我们的宇宙有引力作用。

2.3 银河系和太阳系

银河系是我们所在的星系,拥有着132亿年的历史,并位于20多个星系的群体中。该星系包含了太阳系,其名称源自地球上对其外观的描述:一条朦胧光带,由肉眼无法单独分辨的恒星组成。从内部看来,它呈盘状结构,在地球上则呈现为一个带状物。1610年伽利略首次用望远镜将光带分解成单个恒星;1920年,天文学家哈洛·沙普利和希伯·柯蒂斯之间还发生了大争论。直到20世纪20年代早期,大多数天文学家认为银河系包含了宇宙中所有恒星。然而,在哈勃通过观测后发现,银河系只是众多其他星系之一。

银河系是一个棒状螺旋星系,预估的可见直径为20万~150万光年,比历史上估计的10万光年有所增加。银河系拥有多个卫星星系,这些星系是本星系群的一部分,并构成室女座超星系团的组成部分。而室女座超星系团则是拉尼亚克亚超星系团中不可或缺的一环。

据估计,银河系内含有1 000亿~4 000亿颗恒星和同等数量的行星。我们的太阳系位于距离银河系中心半径约27 000光年的范围内,处于猎户座臂的内边缘位置。该区域是气体和尘埃螺旋集中的一个区域之一。

最里面的 1 万光年的恒星形成了一个凸起，以及一个或多个从凸起处辐射出来的条。银河中心是一个被称为人马座 A* 的强射电源，形成了质量为(410±3.4)万个太阳的超大质量黑洞。距离银河系中心很远的恒星和气体以大约 220 km/s 的速度运行。恒定的旋转速度与开普勒运动规律相抵触，这表明银河系约 90% 的质量是暗物质，它不会发射或吸收电磁辐射，因此无法被望远镜探测到。这种假设的可靠性被称为"暗物质"。银河系以距太阳的距离为半径公转约 2.5 亿年，相对于外部参考系，其速度大约为 600 km/s。由于与宇宙本身几乎同龄，因此银河系中最古老的恒星可能是在大爆炸黑暗时代之后不久形成的。

太阳是太阳系的中心恒星，其历史已达 46 亿年。拥有行星的太阳系则已经存在了 45 亿年。作为一个近乎完美的热等离子体球体，它通过核聚变反应在其核心处被加热至白炽状态。

2.4 太阳系和行星

太阳系中的行星及其自转时间如图 2.15 所示。

图 2.15 行星的比例大小、倾角、旋转方向和自转时间

2.4.1 开普勒定律——行星轨道

在天文学领域，约翰内斯·开普勒(Johannes Kepler)于 1609—1619 年间提出的开普勒行星运动定律描述了行星绕太阳运动的轨迹。这些定律对广为接受的尼古拉斯·哥白尼日心说进行了修正，将其圆形和等速旋转的轨道替换为椭圆轨道，并解释了行星速度变化规律。1609 年，开普勒在《新天文学史》上发表了两个定律，而第三个定律则是在 1619 年发布的。这三大定律分别是：

① 所有行星均绕太阳运行，其轨道为椭圆形。

② 在等时段内，行星与太阳相连的半径向量扫过相等的面积。

③ 行星绕太阳轨道周期的平方与轨道半径的立方成正比。

图 2.16 所示为开普勒行星运动三大定律。

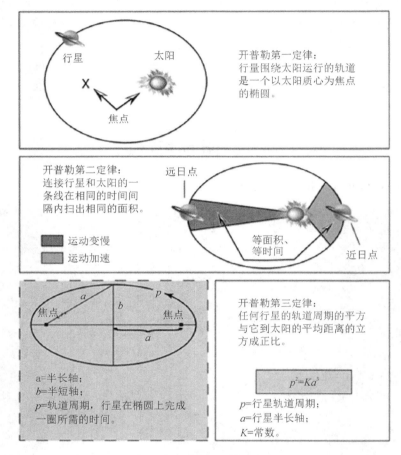

图 2.16　开普勒行星运动三大定律

　　熟练掌握这些定律，尤其是第二定律（面积定律），对 1684—1685 年的艾萨克·牛顿爵士而言至关重要。经过深思熟虑，他提出了著名的地球与月球之间、太阳与行星之间的普遍引力定律，并假设该定律适用于宇宙中所有物体。牛顿指出，受中心引力作用的物体的运动不一定遵循开普勒第一定律所规定的椭圆轨道，而是可以采用其他定义于圆锥曲线上的路径；其运动可能为抛物线或双曲线轨迹，取决于该物体的总能量。因此，一个具有足够能量的物体——例如彗星——得以进入太阳系，并在不被引力捕获的情况下再次穿越而无需返回。

　　从开普勒第二定律可以进一步观察到，任何行星的角动量都是通过太阳轴垂直于轨道平面不变的，这与其他发现有所区别。开普勒定律适用于自然和人造卫星的运动以及恒星系统和太阳系外行星。正如开普勒所述，这些定律未考虑行星间引力相互作用的扰动效应。精确预测两个以上物体在相互吸引下的运动是一个极为复杂的问题；除了某些特殊情况外，三体问题无法得到解析解。可以发现,开普勒定律不仅适用于万有引力,还适用于所有其他的平方反比力;如果考虑到相对论和量子效应,则也适用于原子内的电磁力。

2.4.2 蓝色的小点——地球

我猛然意识到,那枚绮丽的蓝色小点即为地球。我高举大拇指,闭上一只眼睛,地球便被"遮盖"住了。此时我并未感到自己像个巨人,反而觉得自身渺若尘埃(见图2.17)。

尼尔·阿姆斯特朗

地球由5种元素构成,分别为陆地、水、天空、空气和火。我们称之为 Pancha Boothas。人体也是由5种元素构成的。正如刘易斯·达特内尔(Lewis Dartnell)在他的著作《起源》中所述。

图2.17所示为月球上看到的地球景色。

你身躯中的水曾顺着尼罗河流淌,以季风雨之姿降临印度,又在太平洋上翩然盘旋。你细胞内的有机分子中的碳元素,是由我们所食用的植物从大气层中提取而来的。你身体中的盐分和铁元素,源自于汗水与泪水中蕴含的矿物质,而头发和肌肉中的硫则来自于火山爆发所释放出的神秘力量。

图2.17 月球上看到的地球景色

2.5 地球的起源

随着宇宙的膨胀,许多星系和恒星得以形成。46亿年前,太阳——我们的恒星——在核心通过核聚变反应加热到白炽,并主要以光和红外辐射的形式释放能量,构成了近乎完美的热等离子体球体。迄今为止,这是最重要的能源之一。

地球形成于约45亿年前,当时太阳星云刚刚形成并围绕着它的中心旋转。在引力作用下,气体和尘埃被拉入第三颗行星——我们所知的地球。与其他类地行星一样,地球由核心、岩石地幔和固态地壳组成。

这个圆盘极热,火山极多,几亿年来不断受到小行星的撞击。在数百万年的时间里,热盘形成了一个球体。火山喷发的气体可能创造了原始大气,接着创造了海洋,但早期的大气几乎不含氧气。然后,在45.27亿年前,一颗名为忒伊亚的火星大小的行星与另一天体相撞,导致月球形成并使地球自转轴倾斜23.5°(见图2.18)。

多年来,行星以恒定的速度沿着椭圆轨道旋转,太阳系有序地形成。卫星围绕行星变为球形。地球和月球形成了两个同步旋转的天体。大约44亿年前,地球表面温度降低到可以存在液态水的程度。大约在38亿年前,地球被水完全覆盖,从而使其颜色变成了蓝色。微生物诱导的沉积构造开始于34.8亿年前。它们揭示了一个复杂微生物群落的存在,可能形成一层紫色黏液,在早期地球温暖、潮湿且缺氧的环境中繁荣发展,导致大气充满了厌氧呼吸所产生的硫化物恶臭。

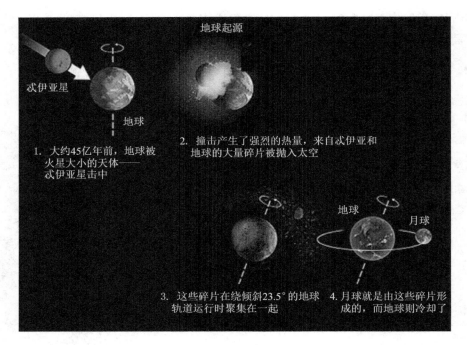

图 2.18　地球的起源

　　沉积岩的碳年代测定证实了早期生命形成始于 37 亿年前。火星很可能也经历过这个周期，两颗行星的倾角对其表面温度模式产生了影响。

　　月球的位置、同步转速以及月球引力对生命的进化过程具有重要意义。从地球到月球和从地球到太阳的距离，分别除以月球和太阳的直径，得出的结果均为 108，这表明日地月系统是完美的，如图 2.19 所示。地球变成了一个更加稳定的星球。由于地球构造板块的突然运动，陆地出现在地球的不同部位，生命一步步向陆地迁移。当构造板块相互运动时，会引起地球内部的应力积累和释放，从而导致地震和火山喷发。这些扰动引起振动，随后向各个方向扩散。由于板块相对运动所产生的应力通过释放储存能量的冲击波而断裂，从而形成了地球上不同部分的不同类型陆地。

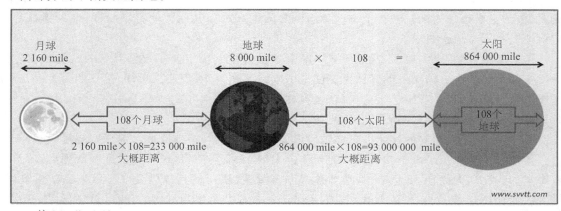

注：1 mile=1.6 km。

图 2.19　108 的意义

地轴倾斜对于四季(见图 2.20)和生命都是不可或缺的。地轴倾角每 4 万年变化一次,其轨道形状改变了地球与太阳的距离,周期为 10 万年。日食和月食详见图 2.21。

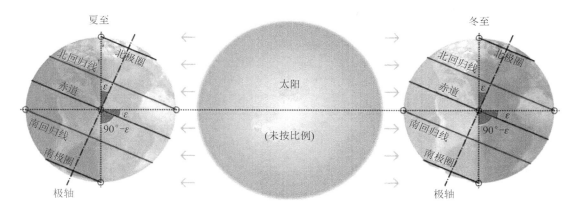

图 2.20 四季变化

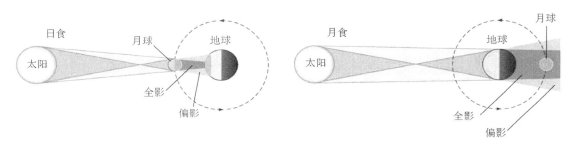

图 2.21 日食、月食概念图

地球上的生命

光合生物出现于 32 亿～24 亿年前,并开始向大气中输送氧气。直到大约 5.8 亿年前,生命仍然大多是小或微小的,复杂的多细胞生命出现后,其随着时间的推移而发展,并在大约 5.41 亿年前的寒武纪大爆发中达到顶峰。这种生命形式的突然多样化产生了今天已知的大多数主要门类,并将元古代与古生代的寒武纪分开。据估计,地球上曾经生活过的物种中有 99% 已经灭绝。哺乳动物出现在 2.25 亿年前。恐龙也在这个时期出现。目前地球上物种的数量估计在 1 000 万～1 400 万之间,其中约有 120 万被记录在案,但超过 86% 的物种没有被记录。然而,最近有人声称,目前地球上生活着 1 万亿种物种,其中只有 10 万分之 1 得到了记载。地球上生命的时间轴如图 2.22 所示。

地球自形成以来一直在不断演化,生命也是如此。面对不断变化的物理环境,物种通过进化产生新的形态,分裂为子类或灭绝。板块构造过程塑造着大陆和海洋,并影响其所孕育的生命。

大约从 5.42 亿年前开始,地球上的生命偶尔会发生大规模灭绝。虽然它们曾是一场灾难,但大灭绝有时会促进地球上生命的演化加速。生态位在不同生物群体间转移主导地位时,往往并非因为新的优势群体比旧的更加"优越",而是由于灭绝事件消除了旧有优势群体,从而为新的群体腾出空间。

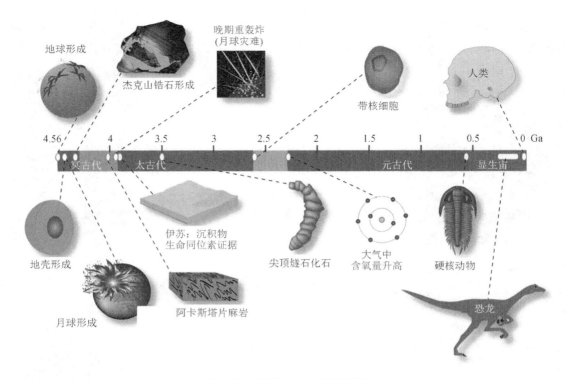

图 2.22　地球上生命的时间轴

　　1859 年,达尔文在其《物种起源》中首次提出自然选择进化论,指经过可遗传的身体或行为特征变化随时间而发生的过程,生物体会发生变化,这样就能更好地适应环境变化,有助于其生存并繁衍更多的后代。

　　自然选择的进化是科学史上最为确凿的理论之一,其得到了包括古生物学、地质学、遗传学和发育生物学在内的多个科学领域的证据支持。生活在约 600 万年前的一种小型东非猿类,是最后一个同时包括现代人类和其近亲黑猩猩后代的动物。它的家谱只有 2 个分支留下了幸存者。

　　出于未知原因,类人猿的一个分支进化出了直立行走的能力。随着大脑体积的迅速增大,约 200 万年前,第一批被归为人属的动物开始出现。从 25 万年前开始,在与利莫里亚大陆相连的东非土地上首次发现了解剖学上符合人类特征的生物。

　　图 2.23 所示为类人猿进化。

图 2.23　类人猿进化

2.6　地球的未来

卡尔·萨根曾说:"我们居住在一个射击场中,周围都是潜在的威胁。大型小行星撞击地球只是时间问题。如果我们是宇宙中唯一的生命形式,那么 99.99% 的广袤空间又有何意义呢?若长期存活面临风险,我们便肩负起保护物种的基本责任,并勇往直前探索其他世界。"

不同于其他生命形式,只能被动地等待命运的安排,人类是自己命运的主宰。所有生物都将面临灭绝,包括人类在内。但是,人类必须坚强地存活下去。

6 600 万年前,一颗巨大的小行星撞击地球,而恐龙因为没有太空计划而灭绝。

拉里·尼文认为:

火星和地球一样,是一个美丽的行星,拥有水资源,并在几百万年前孕育了生命。据推测,火星上可能比地球更早出现生命。让我们关注它今天的命运吧。预计在 100 万年或更短的时间内,地球将达到类似于今天火星的状态。

到 2066 年,地球会是每年增加 51×10^9 t 二氧化碳产量的命运,详见图 2.24。大多数地球居民正竭尽全力破坏自己的家园。地球和自然界已经对人类产生了不满。更多的自然灾害和新出现的疾病将对人类长期积累的财富和生命安全造成巨大损失。到本世纪末,随着海水的上升,许多沿海城市将被淹没。小行星可能会经过或撞击地球。2880 年 3 月 16 日,一颗巨大的小行星将撞走地球的 1/3。我们已经掌握了小行星改造技术,但是我们无法应对自然的愤怒。太阳不会存在超过 40 亿年,而太阳系也将就此终结。虽然大多数人类将面临毁灭,但仍有一小部分幸存者能够逃离至银河系中另一颗恒星的新行星上,这个星球在约 50 亿年后会与另一个星系碰撞。

图 2.24　地球的变化

2.7　系外行星

如果要保护人类,就必须在数光年之外的另一个太阳系中寻找类地行星,而太空探索和旅行是开拓新领域的必要手段。NASA 正在引领这场冒险,面临多种挑战。这些问题我们将在最后一章进行讨论。

探索太阳系和太阳系外的基本需求是火箭,即发射宇宙飞船、望远镜以及人类前往太空的运载工具。现在,让我们深入了解火箭及其背后的科学。

詹姆斯·韦伯太空望远镜———一个新时代已经到来。

2.8 需要记住的数据

太阳和地球之间的距离＝1 AU＝$1.496×10^8$ km,约 1.5 亿 km。

1 光年(LY)＝9.46 万亿 km＝63 241 天文单位＝0.306 6 s差距。

太阳与附近恒星之间的距离＝1 s差距＝3.26 光年。

第 3 章　火箭简史

3.1　早期的理解

Rocket 一词可能源自 rocchetta(意大利语中的小纺锤),是 rocca(纺纱杆)的缩写,意思是用来固定纺车上纺线的小锭子。在人类进化历史中,战争不可避免,早期战争主要体现了人类之间力量的对抗,而随着时间的推移,新的武器装备和战术战法则不断涌现。火箭的诞生,也不外乎如此,它源于战争,是战争需求、人类知识积累和研究的产物。

公元 1 世纪,希腊几何学家和发明家亚历山大港的 Hero 建造的风油罐是早期成功运用推进原理制造的装置之一,如图 3.1 所示。该装置使用蒸汽作为推进气体,发明者在水壶上安装了一个空心球体,装置下部的水壶通过传热将水变成蒸汽,蒸汽则通过管道输送到球体,最后通过球体两侧的 L 形喷管喷出,这样就给了球体一个推力,使其旋转。

图 3.1　Hero 发明的风油罐原理图

中国的火箭

根据历史记录,中国早在 1232 年的开封府战役[①]中就使用了用无烟火药制作的"火箭(带火药发射装置的箭矢)"(见图 3.2)。所用火药主要是硝酸钾(硝石)、硫磺和木炭组成的化学混合物,制作过程中将其装填于一长竹筒之内。在之后的岁月中,其他国家也在不断地尝试用

---

① 开封府战役:明崇祯十四年(1641 年)二月至十五年(1642 年)九月,在明末农民起义中,李自成率农民起义军,先后向河南开封发动了三次攻坚战。

火药来制造诸如大炮这类的发射装置[①]。

图 3.2　中国古代火箭

3.2　印度的首枚金属火箭

作为一种真正意义上的火箭,其应具备基本的燃烧室、高密度压缩火药和点火器,并配有锥形喷管。这类装置在印度的首次应用是在 1780 年,由 Hyder Ali 提出,后来他的儿子提普苏丹在其基础上采用剑形弹头进行了相关改进。该火箭发动机直径为 60 mm,长约 250 mm,能够装填 2 kg 的火药,其前端有一个点火器,后端有一个锥形喷管,有效载荷是一把 1 m 长的金属剑,用皮带固定在火箭上(见图 3.3),射程可超过 1 km,其中所制造的三枚火箭从一个带有导向槽的支架上实施发射。

金属火箭
- 2 kg火药
- 长度: 250 mm
- 直径: 60 mm
- 续航里程: 1.0~1.5 km
- 金属剑叶片长度: 1 m

图 3.3　印度火箭和伦敦伍尔维奇皇家炮兵博物馆的火箭规格

后来蒂普[②]王国生产了大量这种火箭并储存在多个地方。它在世界上首次引入火箭兵部

---

① 中国火箭:中国古代火箭有箭头、箭杆、箭羽和火药筒四大部分。火药筒外壳用竹筒或硬纸筒制作,里面填充火药,筒上端封闭,下端开口,筒侧小孔引出导火线。点火后,火药在筒中燃烧,产生大量气体,高速向后喷射,产生向前推力。其实这就是现代火箭的雏形。火药筒相当于现代火箭的推进系统。锋利的箭头具有穿透人体的杀伤力,相当于现代火箭的战斗部。尾端安装的箭羽在飞行中起稳定作用,相当于现代火箭的稳定系统。而箭杆相当于现代火箭的箭体结构。中国古代火箭外形图,首次记载于公元 1621 年茅元仪编著的《武备志》中。

"火箭"一词在公元三世纪的三国时代就已出现。在公元 228 年的三国时期,魏国第一次在射出的箭上装上火把,当时蜀国丞相诸葛亮率军进攻陈仓(今陕西宝鸡东)时,魏国守将郝昭就用火箭焚烧了蜀军攻城的云梯,守住了陈仓。"火箭"一词自此出现。不过当时的火箭只是在箭头后部绑附浸满油脂的麻布等易燃物,点燃后用弓弩射至敌方,达到纵火目的的兵器。

② 蒂普:蒂普苏丹或译作提普苏丹(Tipu Sultan 或 Sultan Fateh Ali Tippu),1750 年 11 月 20 日—1799 年 5 月 4 日,印度南部邦国迈索尔的军事首领。1787 年获巴迪沙(大王)称号。在印度历史上,他被视为反抗英国殖民侵略的民族英雄。

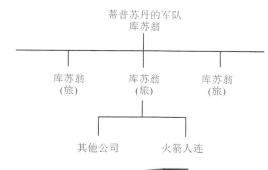

图 3.4 迈索尔王国的世界上
第一支火箭部队士兵

队，一共有 5 000 人（见图 3.4）。在 1792 年对抗英国骑兵的迈索尔战争①中，共计发射 6 000 多枚火箭弹，形成密集的火力网，战场上失控的火箭弹发出怪异的啸叫声，可在 1 km 范围外对英国骑兵形成杀伤力，火箭及其爆炸声对英国骑兵形成了极强的震慑。在这场战役中，印度军队轻松地击败了英国军队。如今，其火箭原型还珍藏在伍尔维奇博物馆②，上面用金色的字母写着："承认英国人的失败"。

在 18 世纪的印度战争中，火箭的使用引起了欧洲人的浓厚兴趣，从而开启了全球火箭发展的新篇章。尤其是在 1792 年和 1799 年对抗英国的两次战争中，火箭的使用引起了英军炮兵上校威廉·康格里夫对此技术的浓厚兴趣。在后来的战争中，英国军队摧毁蒂普并炸毁了印度的弹药库，并将近千枚火箭转移到英国的兵工厂。

1804 年，康格里夫在印度火箭的基础上进行更改设计，以供英国军队使用，改进设计后的火箭在后来与印度的战争中发挥了重要的作用。1806 年，英国军队又在对抗拿破仑军队的战争中使用了这类火箭。而后在 1812—1814 年间，英国军队为对抗美国人，在船只上安装了这类火箭用以攻击麦克亨利堡③，弗朗西斯·斯科特·基④也因此留下了"火炮染红了天空"的诗句，这首诗后来成为了美国国歌《星条旗》。⑤

---

① 迈索尔战争：迈索尔战争（Anglo-Mysore Wars；1767—1799 年），英国东印度公司对印度迈索尔王国进行的 4 次侵略战争。又称英国-迈索尔战争。当地人民英勇抗击 30 多年。1799 年迈索尔首都塞林伽巴丹（Seringapatam）陷落，蒂普苏丹阵亡，迈索尔沦为英附属国。

② 伍尔维奇博物馆：即英国皇家炮兵博物馆。该博物馆位于英格兰伦敦市中心东南部的伍尔维奇，最早建立于 1820 年 5 月 4 日，通过馆内的展览，主要向人们讲述了英国皇家炮兵团和皇家阿森纳兵工厂的历史故事。

③ 麦克亨利堡：美国东岸是国兴之地，最易令人忽略却又最值得一去的莫过于国歌诞生之地——巴尔的摩的麦克亨利堡（Fort McHenry）。

④ 弗朗西斯·斯科特·基：Francis Scott Key，美国词作家，美国国歌《星条旗》的歌词作者。1814 年 9 月 13—14 日的一个晚上，基作为律师拜访英国舰队，联系一位囚犯的释放事宜。英军命令基待在他自己的小船上，并加以看守。与此同时英军炮击了巴尔的摩的主要防守据点——麦克亨利堡。

在次日清晨，当看到美国国旗仍飘扬在要塞上空时，基获得了灵感，在一张旧信封的背面写下了一首诗歌，他将其命名为《保卫麦克亨利堡》。一周后，这首诗歌在美国巴尔的摩市刊登。这首诗以一首老歌《致天国里的阿纳克利翁》作为配曲，很快就广为人知。1931 年，《星条旗》（The Star-Spangled Banner）被正式定为美国国歌。

⑤ 1812 年战争，又称为第二次独立战争，是美国与英国之间发生于 1812—1815 年的战争，是美国独立后第一次对外战争。1812 年 6 月 18 日，美国向英国宣战。1812—1813 年，美国攻击英国北美殖民地加拿大各省。1813 年 10 月—1814 年 3 月，英国在欧洲击败拿破仑，将更多的兵力增援北美战场。英国占领美国的缅因州，并且一度攻占美国首都华盛顿。但是英国陆军在美国南部的路易斯安那州战场、尚普兰湖战役、巴尔的摩战役、新奥尔良战役中多次遭到挫败，并且海军也遭受败局。1815 年双方停战，边界恢复原状。

即便康格里夫在火箭改进上做了一些工作,但火箭精度的提升仍然是十分有限的。正如蒂普在战争中对火箭的运用一样,火箭对敌人的作战效能不在于精度和威力,而在于其密集程度,在典型的包围作战中,可能会有成千上万的火箭射向敌人。在各个国家,有众多的研究者从事火箭精度提升方面的工作,比如英国的威廉·黑尔(William Hale)发明了自旋稳定技术,这一技术主要是通过火箭喷射的燃气带动其底部的叶片旋转,从而达到自旋稳定的效果。

由于火箭在欧洲大陆各类战争中得到广泛应用并对战争的胜利发挥了重要作用,因此,火箭研发中心也随之从印度转移到了欧洲。所以直到 20 世纪 60 年代,印度才重新开始了相关火箭技术的研究。

3.3 现代火箭的诞生

20 世纪 80 年代末以来,众多杰出的梦想家和科学思想家在火箭方面所做的工作,为全球火箭技术和太空探索的发展奠定了坚实基础。

3.3.1 宇宙学的奠基——方程

1896 年,俄国教师康斯坦丁·齐奥尔科夫斯基(Konstantin Tsiolkovsky,1857—1935)提出了利用火箭探索太空的构想,在其 1903 年发表的一份报告中提出:由于火箭的速度和射程主要是受燃气排放的速率所限制,因此建议采用液体推进剂以增大火箭射程。他甚至设想人类将登陆火星并寻找适宜居住的"第二地球"。由于他的卓越远见和创新理念,齐奥尔科夫斯基被誉为现代宇航之父。

3.3.2 早期的火箭设计

我去了齐奥尔科夫斯基位于卡卢加的故居(距离莫斯科大约 140 km),坐在他曾用过的旧旋转椅上,翻阅他早期的笔记,看到了他透过窗户用来观察广袤宇宙的望远镜,感触良多。康斯坦丁小时候患上了猩红热,导致听力受损,我无法想象这样一位残疾的科学家能在飞机出现前就构想出人类登陆火星的场景。齐奥尔科夫斯基一直接受家庭教育直至 16 岁,尽管几乎失聪,但他仍然担任高中数学教师直至 1920 年退休。齐奥尔科夫斯基于 1895 年提出关于太空旅行和火箭推进的多方面理论,尤其是在访问巴黎期间,受到新埃菲尔铁塔的启发,第一个提出了太空电梯的构想。

3.4 齐奥尔科夫斯基——宇航之父

齐奥尔科夫斯基在没有任何协助的情况下,独自一人研究了液体火箭发动机的数学、物理、动力学和力学模型,并提出了登陆火星进行太空探索的想法。他运用数学模型计算出火箭摆脱地球引力所需的速度,并在 1883 年的手稿《自由空间》中阐述太空旅行的构想。1903 年,他在《科学评论》杂志上发表了题为《以火箭推进器进行星际空间研究》的富有远见的文章,引起广泛关注。

齐奥尔科夫斯基火箭方程

齐奥尔科夫斯基根据火箭动力学原理推导出了著名的火箭方程,用于计算火箭燃气排放速度,在火箭的飞行过程中,随着推进剂的消耗,火箭的质量也随之减小,这一推导给出了火箭推进的基本原理。与此同时,他还详细描述了多级火箭是如何通过速度叠加来达到宇宙速度的:根据动量守恒定律,火箭可以通过消耗推进剂质量来产生燃气,从而利用燃气的排放速度对火箭施加加速度来获取飞行速度(见图 3.5)。

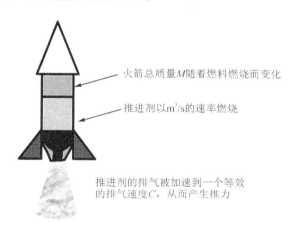

火箭总质量 M 随着燃料燃烧而变化

推进剂以 m^3/s 的速率燃烧

推进剂的排气被加速到一个等效的排气速度 C,从而产生推力

图 3.5 典型的火箭系统

齐奥尔科夫斯基火箭方程为

$$\Delta v = v_e \ln \frac{m_i}{m_f} = I_{sp} g_0 \ln \frac{m_o}{m_f}$$

式中 Δv——速度增量(m/s);

       m_i——火箭初始总质量(包括推进剂),即"湿质量"(kg);

       m_f——火箭发动机工作结束后的质量(kg);

       $v_e = I_{sp} g_0$——等效排气速度(m/s),g_0 为地球表面重力加速度,I_{sp} 为比冲;

       ln——自然对数符号。

如图 3.5 所示。假定火箭飞行器和推进剂总质量为 M,单位为 kg,等效排气速度为 C,单位为 m/s,质量流率单位为 kg/s。利用牛顿第二定律,可推导出推力 F(单位:N)的计算公式:

$$F_{(thrust)} = \dot{m} \cdot C = \frac{dM}{dt} C$$

$$F = Ma = M \frac{dv}{dt}$$

由此可得

$$M \frac{dv}{dt} = -\frac{dM}{dt} C$$

进而推导出：

$$\mathrm{d}v = -C\,\frac{\mathrm{d}M}{M}$$

随着火箭发动机的工作，推进剂通过氧化剂分解释放出大量能量，从而驱动喷管排放高速燃气，使得火箭获得推力。

假设火箭的初始速度为 v_o，末速度为 v_f，初始质量为 M_o，末质量为 M_f，我们可以通过极限积分求解得到

$$\ln(v_\mathrm{o}/v_\mathrm{f})\,\mathrm{d}v = -C\ln(v_\mathrm{o}/v_\mathrm{f})\,\mathrm{d}M/M$$

根据积分和极限应用，我们得到如下火箭方程：

$$v_\mathrm{f} - v_\mathrm{o} = -C(\ln M_\mathrm{f} - \ln M_\mathrm{o}) = C\ln(M_\mathrm{o}/M_\mathrm{f})$$

增量速度 $\Delta v = C\ln(M_\mathrm{o}/M_\mathrm{f})$。

该方程主要用来估计星际旅行所需要的宇宙逃逸速度，以齐奥尔科夫斯基的名字进行命名。

齐奥尔科夫斯基利用此方程计算出绕地球轨道飞行所需的速度为 7.9 km/s，这一速度可以通过使用液氧和液氢这类燃料的多级火箭来实现。早期，他就意识到使用液氧和液氢作为火箭推进剂能够大幅提高发动机的排气速度，这是进入太空的必要条件。同时，他还创造性地提出了带有转向推进器的火箭、多级助推器、空间站、用于将宇宙飞船送入太空的封闭式循环生物系统（通过该系统可为航天员提供生存所需的食物和氧气）。

齐奥尔科夫斯基相信，通过殖民太空，人类将达到完美境界，拥有永生和无忧无虑的生活。他说："地球是人类的摇篮，但人不能永远生活在摇篮里！""人类必须不惜一切代价克服地球引力，以确保太阳系空间完整无缺。"这对无数代人来说具有伟大的现实意义。尽管人类现在显得渺小无力，但他们已经改变了地球的面貌。未来数百万年间，他们或许会进一步扩大这种影响，直至控制气候和太阳系，就像掌握地球般自如。最终，他们将超越行星系统的极限，并抵达其他恒星，在那里利用全新能源——而非垂死之光所提供的微薄能量。

齐奥尔科夫斯基因其卓越的思想、突破性的研究和伟大的远见，被誉为现代航天之父。同时，他也激励了一代苏联科学家，其中包括科罗廖夫。

"齐奥尔科夫斯基的科学遗产已经被转移至苏联，而如今正由苏联的杰出科学家们创造性地开发和成功延续"——谢尔盖·P·科罗廖夫在 1957 年曾如此说道。

齐奥尔科夫斯基的工作对欧洲和美国火箭学家的后续研究产生了深远影响。

3.5 罗伯特·戈达德

20 世纪初，美国的罗伯特·戈达德（1882—1945）在火箭方面开展了相关试验，他的兴趣点在于找到一种能让火箭飞行到比气球更高高度的方法。1919 年，他出版了一本名为《到达极端高度方法》的著作。我们现在将其著作中表述的装置称为气象探空火箭。在他的著作中，戈达德得出了几个非常重要的结论。他根据试验结果得出的结论是：火箭在真空中比在空气

中工作效率更高。但当时的年代,大多数人都错误地认为,空气对于火箭的飞行是必不可少的条件。

戈达德认为,多级火箭是解决飞行高度限制和获取地球逃逸速度的最佳选择。戈达德最早开展的试验主要是使用固体推进剂。自 1915 年以来,他一直在尝试各种类型的固体燃料,并对其燃气排放速度进行测量,通过不断的深入研究,戈达德确信液体推进剂比固体推进剂更具优势。

在这之前,液体推进剂火箭还没有先例,因此相比于固体推进剂火箭,这是一项更为艰巨的工作。对于液体火箭,燃烧剂和氧化剂的储罐、推进剂供应系统和燃烧室是其组成的必要部件。克服了重重困难,戈达德终于在 1926 年 3 月 16 日取得了液体火箭首次飞行的成功(见图 3.6),其所使用的推进剂为液氧和汽油,火箭飞行了 2.5 s,爬升了 12.5 m,最终坠落在离发射点 56 m 开外的菜地里。

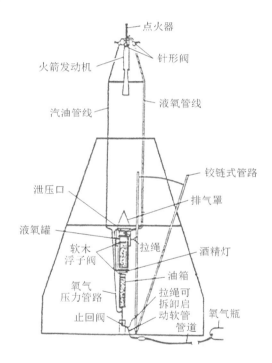

图 3.6　戈达德博士 1926 年设计的火箭

按照现代标准,这次飞行或许不足以令人印象深刻,但就像 1903 年莱特兄弟的首次动力飞机试飞一样,戈达德的汽油火箭成为了火箭跨入全新时代的先驱。

此后,戈达德的液体火箭试验持续了多年,其间他不断改进火箭的规模和高度(见图 3.7),同时还研发了陀螺仪控制系统以及科学载荷舱,并通过降落伞回收系统使火箭和仪器可以安全返回地面。戈达德因其在火箭领域的杰出成就,被称为现代火箭之父。

图 3.7　罗伯特·戈达德和他的液体推进剂火箭

3.6　赫尔曼·奥伯斯

　　生活在德国的赫尔曼·奥伯斯(1894—1989)是现代第三位伟大的航天先驱。1923 年,他出版了名为《进入星际空间的火箭》的著作,提出了摆脱地球引力的逃逸速度这一概念,并对火箭进入外太空的动力学模型进行了阐述,同时还对液体推进剂火箭工作的细节进行了描述。奥伯斯提出了许多创新性的理念,包括火箭分级、发动机壁的膜冷却模式以及通过对推进剂罐进行增压来加强火箭结构强度。在其著作中首次详细介绍了两级火箭的设计和计算方法。

　　他关于液体火箭的设计在 20 世纪下半叶得以实现,火箭被研发出来并具备了克服重力达到轨道速度的能力,为太空探索开辟了新天地。受其著作的影响,全世界涌现出众多的小型火箭社团。1929 年,奥伯斯作为在德国成立的太空旅行协会(Verein fur Raumschiffahrt)的成员之一,开始着手研制射程 360 km 的 V-2 制导导弹,并与沃纳·冯·布劳恩(Wernher von Braun)[①]及其他火箭工程师团队开展合作。

　　1937 年,包括奥伯斯在内的德国工程师和科学家聚集在波罗的海沿岸的佩内明德,并在沃纳·冯·布劳恩的领导下,制造和试飞了当时最先进的火箭——V-2 火箭(在德国称为 A-4,如图 3.8 所示)。V-2 作为第一种制导导弹,以每 7 s 燃烧消耗约 1 t 推进剂(液氧和酒精+水的混合物)的速度获取巨大推力。在第二次世界大战期间,大量的 V-2 导弹以 5 000 km/h 以上的速度和 100 km 高的弧形弹道袭击了伦敦。

---

　　①　沃纳·冯·布劳恩:沃纳·马格努斯·马克西米利安·冯·布劳恩男爵(德语:Wernher Magnus Maximilian Freiherr von Braun,1912 年 3 月 23 日—1977 年 6 月 16 日),出生于德国东普鲁士维尔西茨,德国火箭专家。20 世纪航天事业的先驱之一,曾是著名的 V2 火箭的总设计师。德国战败后,美国将他和他的设计小组带到美国。他移居美国后任美国国家航空航天局的空间研究开发项目的主设计师,主持设计了"阿波罗 4 号"的运载火箭"土星 5 号"。NASA 用以下的话来形容冯·布劳恩:"毋庸置疑的,他是史上最伟大的火箭科学家。他的最大成就是在担任 NASA 马歇尔太空飞行中心总指挥时,主持"土星 5 号"的研发,成功地在 1969 年 7 月首次完成人类登陆月球的壮举。"

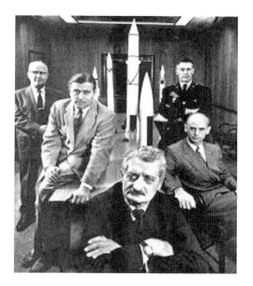 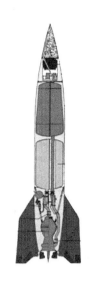

图 3.8　奥伯斯,冯·布劳恩和他的团队　　　　V2——第一枚制导火箭

3.7　太空漫游

自苏联的火箭设计师谢尔盖·科罗廖夫(Sergei Korolev)研发第一枚洲际弹道导弹(ICBM)(称为 R7)开始(见图 3.9),美苏的太空争霸赛就拉开了序幕,而苏联在一开始处于领跑的角色。

图 3.9　谢尔盖·科罗廖夫和他设计的第一个 R7 洲际弹道导弹

美苏太空争霸赛主要是在美苏的政治敌对期(即冷战时期)。在此期间,两个超级大国一直在竞相研发不同类型的导弹、轰炸机和核潜艇,以作为携带核武器的载具。

随着苏联在 1957 年 10 月 4 日向太空发射了 83 kg 的人造卫星“斯普特尼克 1 号”(Sputnik - 1),美苏的太空争霸达到前所未有的高度。由 R7 火箭搭载发射的斯普特尼克卫星每 96 min 绕地球一周,可通过无线电发射机向地球发送“哔哔”声的信号。苏联所展现的太空技术能力,让美国人感到前所未有的恐慌,在此事件之后的一个月时间,苏联人于 1957 年 11 月 3 日又实现了更令人印象深刻的太空探索活动——将重达 508 kg 的"斯普特尼克 2 号"卫星送入轨道,并搭载了一只名叫莱卡(Laika)的小狗。小狗因无法承受 5g 的加速度和太空舱的高温环境,仅在绕地球飞行一天后便离世了。"斯普特尼克 1 号"以及"斯普特尼克 2 号"搭载的小狗莱卡如图 3.10 所示。

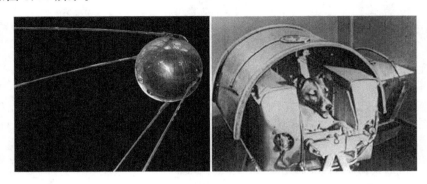

图 3.10　1957 年 10 月发射的"斯普特尼克 1 号"和 1957 年 11 月发射的"斯普特尼克 2 号"搭载的小狗莱卡

　　美国也一直在致力于提升自己的卫星发射能力,其使用的是海军研发的名为"先锋"(Vanguard)的火箭,但其在两次卫星发射任务中均以失败告终。直到 1958 年 1 月 31 日,才使用改进设计的"木星 C"①火箭将一颗"探索者"卫星②送入轨道。"木星 C"火箭主要是由德国火箭工程师沃纳·冯·布劳恩领导下的团队研发,他们曾在第二次世界大战期间为纳粹德国研制弹道导弹,他们在阿拉巴马州亨茨维尔的红石兵工厂③为美国陆军将 V2 型火箭改进成更加强大的"木星 C"和"朱诺 C"型号,所发射的"探索者 1 号"卫星可携带多台仪器进行太空科学实验(见图 3.11)。

　　"探索者 1 号"卫星所搭载的仪器中包括用于探测宇宙射线的盖革计数器④。这是研究人员詹姆斯·范·艾伦(James van Allen)开展的一项实验,该实验结合后来卫星的相关测量数据,证实了范·艾伦辐射带在地球周围的存在。

　　1958 年,美国的太空探索活动统一由新成立的政府机构(即 NASA)指挥进行。NASA 合并了美国国家航空咨询委员会(NACA)、几个研究所和相关军事设施(包括位于亨茨维尔的陆军弹道导弹局——红石兵工厂),并于 1958 年 10 月开始运作。

---

　　①　"木星 C":"木星 C"是一种探空火箭,又称为"丘比特"或是"天帝 C"型火箭,曾用于 1956 年及 1957 年间的 3 次亚轨道飞行任务中。

　　②　"探索者"卫星:1958 年 1 月 31 日它从美国的佛罗里达州卡纳维拉尔角冲出大气层冲向太空,距今已经整整 60 年了。"探索者 1 号"不仅是美国第一颗成功发射的人造卫星、世界上第三颗卫星,还是第一颗对地球周围环境具有重大发现的卫星。

　　③　红石兵工厂:之前一直是美国重要机关以及武器测试试验基地,美国历史上第一枚红石(Redstone)中程弹道导弹就是在这里生产的,它现在还是陆军太空与导弹防御司令部和陆军战略部队司令部、陆军航空与导弹司令部、国防情报局的导弹与太空情报中心以及导弹防御局的所在地。美国国防情报局主要机构也位于此地。其于 2021 年 1 月 13 日被美国太空军选为美国太空司令部的未来基地。未来的司令部将有大约 1 400 名军事和文职人员。

　　④　盖革计数器:盖革-米勒计数器,简称盖革计数器,是一种专门探测电离辐射(α 粒子、β 粒子、γ 射线和 X 射线)强度的计数仪器。

图 3.11 "朱诺 C"型火箭搭载"探索者 1 号"卫星

尤里·加加林

此后,苏联人继续主导着太空计划的实施:第一颗人造卫星、第一艘登月飞船、两颗卫星首次对接、第一个进入太空的人类、第一次太空出舱活动,这些纪录都是由苏联所创造的。

第一位进入太空的人是苏联宇航员尤里·加加林。他于 1961 年 4 月 12 日完成了绕地球飞行,按照预设程序在距离地球 327 km 高度的轨道上飞行约 108 min 后,经过减速再入后安全着陆。这次壮举表明了人类征服太空的前景广阔,并使苏联在太空探索领域领先于美国。

苏联太空技术发展的里程碑事件包括"月球 2 号"探测器的发射,它于 1959 年成为第一个撞击月球的人造物体。在后来不久,苏联又实施了"月球 3 号"的发射任务。1961 年,在加加林完成太空飞行不到 4 个月的时间里,苏联进行了第二次载人飞行,宇航员环绕地球飞行了整整一天;与此同时,苏联还完成了第一次太空行走,并成功实施"东方 6 号"的发射任务,使瓦伦蒂娜·捷列什科娃成为首位进入太空的女性。

苏联时期,弗拉基米尔·尼古拉耶维奇·切洛梅(Vladimir N Chelomei)[①]是火箭、宇宙飞船、空间站以及弹道导弹和巡航导弹的另一位首席设计师。

1961 年 5 月 5 日,美国宇航局将宇航员艾伦·谢泼德送入太空,并进行了亚轨道飞行——进入太空但不绕地球一圈的飞行。谢泼德的亚轨道飞行持续了约 15 min。

---

① 弗拉基米尔·尼古拉耶维奇·切洛梅:苏联力学家、火箭工程师。他是与科罗廖夫齐名的工程控制学和航天科学家,两次苏联社会主义劳动英雄称号获得者。切洛梅的伟大作品之一就是著名的"质子号"运载火箭,当然还有著名的"花岗岩"反舰导弹——一度被国内外军事粉丝吹捧的性能无比变态的反航母大杀器。

3.8 人类登上月球

1961 年 5 月 25 日,美国总统约翰·肯尼迪向苏联发起了登月竞赛,并宣布了一个雄心勃勃的目标:"我认为,美国应该致力于在 10 年内实现人类登上月球并安全返回地球这一目标。"此后,军备竞赛从太空竞赛变成了登月竞赛。

肯尼迪为载人登月计划拨了 500 亿美元,沃纳·冯·布劳恩("阿波罗"计划①的总设计师)承担起了将人类送上月球并安全返回这一任务。

20 世纪 60 年代,美国宇航局通过"双子座"计划②将肯尼迪总统设定的目标向前推进了一步。在此计划中,宇航员测试了未来飞往月球所需的相关技术,并测试了人类承受长时间太空飞行的能力。在"双子座"计划之后,美国成功将宇航员送入了月球轨道。1969 年,"阿波罗 11 号"搭载美国第一批宇航员登上月球,尼尔·阿姆斯特朗成为第一个踏上月球表面的人,并发表了:"人类的一大步"这一重要言论。1969—1972 年间,"阿波罗 11 号"至"阿波罗 17 号"共执行了 6 次月球探索任务(其中 13 次未着陆返回)。在这些任务中,12 名宇航员收集了岩石和月球尘埃样本进行分析。

1966 年 1 月,由于火箭总设计师科罗廖夫不幸去世,苏联在太空时代的卓越成就与巨大风险间的平衡到此结束。"上升号"③宇宙飞船原本计划在美国之前为载人登月任务做好准备,但最终未能实现,这给了美国领先苏联的机会。

在 20 世纪 60 年代和 70 年代,美国宇航局曾发射一系列名为"水手号"④的太空探测器,以研究金星、火星和水星。而在 20 世纪 70 年代,则实施了"海盗"⑤计划,其中两个探测器成功降落于火星表面,并拍摄了大量的珍贵影像资料,检验火星化学成分并探测火星污垢(称为风化层)中是否有微生物的存在。

---

① "阿波罗"计划:"阿波罗"计划(Apollo program),是美国在 1961—1972 年组织实施的一系列载人登月飞行任务,目的是实现载人登月飞行和人对月球的实地考察,为载人行星飞行和探测进行技术准备。它是世界航天史上具有划时代意义的一项成就。"阿波罗"计划始于 1961 年 5 月,至 1972 年 12 月第 6 次登月成功结束,历时约 11 年,耗资 255 亿美元。

② "双子星座"计划:1961 年 11 月—1966 年 11 月美国实施了"双子星座"计划。其主要任务是研究、发展载人登月的技术和训练航天员长时间飞行及舱外活动的能力。该计划历时 5 年,完成了 10 次环绕地球轨道载人飞行,每次 2 人,共耗资接近 13 亿美元。1961 年 12 月 7 日正式宣布航行,是美国的第二个载人航天计划。那时已在实施"阿波罗"载人登月计划,作为从"水星"到"阿波罗"计划之间的过渡。

③ "上升号"宇宙飞船:"上升号"宇宙飞船(英语:Voskhod Spacecraft;俄语:Восход))是苏联的第二代载人飞船,1964—1965 年间共发射了 2 艘。飞船重 5.32 t,球形乘员舱直径与上一代"东方号"宇宙飞船大体相同,改进之处是提高了舱体的密封性和可靠性。宇航员在座舱内可以不穿宇航服,返回时不再采用弹射方式,而是随乘员舱一起软着陆。"上升 1 号"载 3 名宇航员,在太空飞行 24 h 17 min;"上升 2 号"载 2 名宇航员,在太空飞行 26 h 2 min。

④ "水手号":美国主要有两种探测器纳入火星探测计划,即"水手号"和"海盗号"。"水手 4 号"于 1964 年 11 月 28 日发射升空,重 260 kg。运行将近 1 年时间,拍摄了 7 329 幅火星照片。美国还依据这些资料首次为火星上的火山、峡谷、高地和洼地命名。

⑤ "海盗号":美国国家航空航天局(NASA)的"海盗号"(又音译成"维京号")项目包括两个无人空间探测任务:"海盗 1 号"和"海盗 2 号"。每个航天器拥有一个用于从轨道上拍摄火星表面、运载着陆器以及进行与地球通信中继的人造卫星。"海盗"计划是火星探测史上最昂贵的计划,也是 1990 和 2000 年代前最成功、提供信息最多的火星探测计划。

3.9　航天飞机

美国通过航天飞机计划,在载人任务、卫星发射、星际探测和哈勃太空望远镜(HST)方面一次又一次领先苏联。在 1981—2011 年间,美国共执行了 135 次航天发射任务。在其中的 5 次轨道飞行器任务中,"挑战者号"(1986 年)和"哥伦比亚号"(2003 年)两次事故导致 14 名宇航员不幸遇难。航天飞机也在 2011 年 7 月 21 日"亚特兰蒂斯号"最后一次飞行结束后退役。作为商业载人计划的一部分,美国一直依赖俄罗斯"联盟号"飞船将宇航员送入国际空间站,直到 2020 年 5 月"SpaceX 猎鹰 9 号"火箭发射载人飞船第二次演示任务,才打破了这一局面。

3.10　空间站

空间站标志着太空探索的下一个阶段。1986 年,苏联在轨道上组装了第一个模块化三人空间站"和平号"①,并在其漫长的运行历程中接待了来自 12 个不同国家的 125 名宇航员。其有力支持了 17 次太空探险活动和 28 名宇航员长期在轨飞行任务。随后美国宇航局推出了太空实验室空间站,这是第一个轨道实验室,科学家们可在轨道实验室里研究太空飞行对人体产生的影响。

人类太空探索目前仅限于近地轨道,自 1998 年 11 月起,多个国家开始参与对位于地球轨道 400 km 的模块化空间站——国际空间站(ISS)的研究。这是一个由 5 个太空机构参与的共同合作项目,包括:美国国家航空航天局(NASA)、俄罗斯宇宙航空公司(Ruscosmos)、日本宇宙航空研究开发机构(JAXA)、欧洲航天局(ESA)和加拿大宇宙安全局(CSA),其所有权和使用权由政府间条约和协议确定,俄罗斯负责任务的指挥控制。国际空间站作为一个微重力和特殊环境下进行各种领域科学研究的实验平台,其实验包括但不限于天体生物学、天文学、气象学以及物理学等领域的科学研究。截至 2020 年 11 月,来自 19 个不同国家的 242 名太空人曾访问过该空间站,其中 152 名为美籍人士,49 名为俄罗斯籍人士,9 名为日本籍人士,8 名为加拿大籍人士,5 名为意大利籍人士。

3.11　中国"天宫"空间站

"天宫"是一个位于近地轨道上的空间站,距离地表约 425 km。该空间站于 2021 年 4 月

---

①　"和平号":"和平号"空间站(俄语: Мир,兼有和平与世界之意)是苏联建造的一个轨道空间站,苏联解体后归俄罗斯。它是人类首个可长期居住的空间研究中心,同时也是首个第三代空间站,经过数年建设并由多个模块在轨道上组装而成。1986 年 2 月 20 日,苏联用"质子号"火箭把"和平号"空间站的核心舱送上地球轨道。核心舱重 21 t,长 13.13 m,最大直径 4.2 m,增压容积 90 m³。它由过渡舱、工作舱和服务推进舱组成,共有 6 个对接口。两块太阳能电池帆板总面积为 76 m³,最大输出功率为 9 kW。此后,基础构件先后与 5 个太空舱成功对接。

29 日发射升空,目前有 3 名宇航员在轨运行。其全部建成后,质量预计达到国际空间站的 1/5 左右,规模大致相当于俄罗斯退役的"和平号"空间站。在 2022 年全面投入使用时,可搭载3～6 名机组人员。

3.12　卫星简介

地球和月球是天然卫星的典型代表,成千上万颗人造卫星环绕地球运行,为远程地球观测、通信和导航提供支持。有些卫星拍摄出了令人惊叹的照片,帮助气象学家预测天气并跟踪飓风;还有一些卫星拍摄的照片则记录下了其他行星、太阳或深空星系的景象。此外,天文卫星也发现了新恒星,并让我们对宇宙中心有了更深入的认识。所有这些图片都在帮助科学家更好地理解太阳系和宇宙。

3.12.1　地球观测卫星

卫星具备在某一时刻对广阔地域的观测能力,相较于地面仪器能够更快速地收集大量数据,这些数据有助于资源的规划,从而促进资源的开发利用。通过地球观测卫星,人类曾探测到南极洲臭氧空洞、定位森林火灾地点,并拍摄了 1986 年切尔诺贝利核电站灾难照片。

3.12.2　通信、导航卫星

通信类型的卫星主要用于通信,向全球范围内发射可视信号和语音电话信号。而导航卫星则主要用于导航定位,典型的全球定位系统(GPS)由 20 多颗卫星组成,通过 GPS 接收器可以精确确定位置。

在 20 世纪 80 年代,卫星通信技术开始应用于电视传媒领域,使得人们能够通过碟形天线接收卫星信号来观看电视节目。

海湾战争证明了卫星在现代战争中的重要价值。在此次战争中,美国及其盟军凭借对太空"制高点"的掌控,获得了至关重要的信息优势。卫星为任务部队提供了敌方部队编组和移动信息、预警导弹攻击以及在毫无特色的沙漠地形中实现精确导航等多个领域的支持。正是基于卫星的卓越表现,使联军成功缩短了战争的时间。

随着空间系统在国土防卫、天气监测、通信、导航、成像和灾害遥感等领域发挥日趋重要的作用,更多更大卫星载荷的需求也随之增加,这就需要一系列推力更大、能力更强的运载火箭。因此,卫星发射服务已经成为当今世界经济发展不可或缺的重要组成部分。

3.12.3　卫星运载工具

运载火箭(LV)是将航天器从地球表面送入太空预定轨道的主要工具。航天器要在轨道正常运行,需通过运载火箭为其提供约为 8 km/s 的运行速度,运载火箭则可以通过多种形式将其送入最终运行轨道,可一次性送入,或送入停泊、转移轨道后再通过推进系统将卫星送入目标运行轨道。

3.13 印度空间研究组织(ISRO)

SLV－3是印度第一颗卫星使用的运载火箭。印度于1980年7月18日在斯里哈里科塔发射场①成功将40 kg重的Rohini卫星送入地球轨道,标志着印度具备了自主发射能力,并成为继苏联(1957年10月)、美国(1958年2月)、法国(1965年11月)、日本(1970年2月)、中国(1970年8月)和英国(1971年10月)之后的第7个太空俱乐部成员。目前,印度已经成为拥有可靠运行的PSLV、GSLV Mk Ⅱ和GSLV Mk Ⅲ等多款运载火箭的四大航天强国之一。截至目前,以萨蒂什·达万命名进行了79次发射任务,其中包括119颗印度航天器、来自35个国家的342颗外国卫星以及13颗教学卫星和2次空间再入任务。此外,印度也在开发大推力低温发动机作为核心级固体助推器使用,以提高有效载荷输送能力,并准备开发小型火箭SS-LV用于小型卫星(重达500 kg)航天发射的市场潜力。图3.12和图3.13展示了ISRO当前运行中和计划中的各种火箭类型。

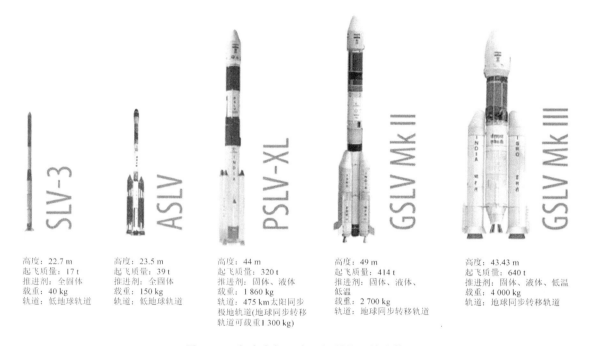

高度: 22.7 m
起飞质量: 17 t
推进剂: 全固体
载重: 40 kg
轨道: 低地球轨道

高度: 23.5 m
起飞质量: 39 t
推进剂: 全固体
载重: 150 kg
轨道: 低地球轨道

高度: 44 m
起飞质量: 320 t
推进剂: 固体、液体
载重: 1 860 kg
轨道: 475 km太阳同步极地轨道(地球同步转移轨道可载重1 300 kg)

高度: 49 m
起飞质量: 414 t
推进剂: 固体、液体、低温
载重: 2 700 kg
轨道: 地球同步转移轨道

高度: 43.43 m
起飞质量: 640 t
推进剂: 固体、液体、低温
载重: 4 000 kg
轨道: 地球同步转移轨道

图3.12 印度空间研究组织所使用的火箭

人类经过不断的探索和实验,火箭已经从简单的火药装置演变成为能够进入外太空的有效运载工具。正如齐奥尔科夫斯基所预见的那样,火箭为人类探索宇宙打开了大门。

———————————

① 斯里哈里科塔发射场位于印度南部东海岸的斯里哈里科塔岛,正式使用于1977年,是印度的导弹试验和卫星发射场。

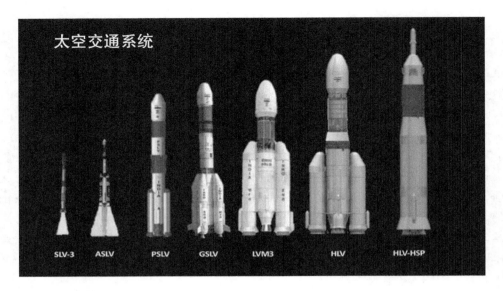

图 3.13　印度的新火箭 HLV(基于 GSLV Mk Ⅲ 研制)

3.14　世界各国的运载火箭

　　许多航天国家正在通过竞争不断地展示自己的运载火箭发射能力,以服务于卫星发射任务。人类关于太阳系行星的探索及生命探测的科学实验和在太阳系外寻找适合人类居住生存星球的活动也已经开始。在此将不同国家的运载火箭情况进行简要介绍,如图 3.14 所示。

　　当前,商业运载火箭已经逐步应用于卫星、货运、载人和太空探索任务。

　　NASA 计划通过阿尔忒弥斯计划(见图 3.15),在 2024—2025 年之前将男性和第一位女性送上月球,同时利用新技术对月球表面进行更为广泛的探测。接下来,美国宇航局将推进太空探索的下一个巨大飞跃——实现宇航员的火星登陆。

　　作为阿尔忒弥斯计划的一部分,美国宇航局计划于 2023 年底发射首个移动机器人前往月球南极,并对其地表和地下进行勘测,探测冰存在的可能和其他资源分布。月球车(VIPER)所收集的数据将为 NASA 绘制出月球南极的资源地图提供支撑,同时也为人类将来的月球探索提供重要支持。

　　月球的永久阴影区域作为太阳系中最冷的地方之一,已有数十亿年没受到阳光的照射。VIPER 的设计中考虑了一个前灯,主要用于实现对这一区域的探索。

　　VIPER 以太阳能为动力源,因此需要在月球南极极端的明暗变化中快速机动,以获取足够的能量。

　　NASA 深空探测的基础支撑是建造有史以来最大的运载火箭,即太空发射系统(SLS),如图 3.16 所示,以执行包括"猎户座"飞船和"门户"月球指挥舱在内的发射任务。

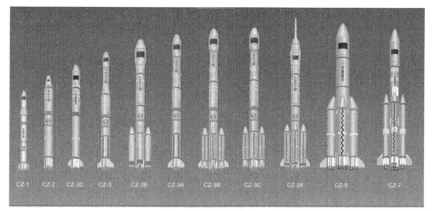

(a) 中国长征火箭

(b) 日本H系列火箭

(c) 欧洲阿里安系列火箭

图 3.14   世界上的运载火箭

自人类登上月球半个世纪以来，美国宇航局一直在不断地突破探索月球知识的边界，以实现美国人在太空领域的领导地位。NASA 将通过在 2024 年宇航员登陆月球南极这一活动来持续推动这项工作。

NASA 正在实施总统的太空政策指令-1，目标是"与商业和国际合作伙伴领导一项创新和可持续的太空探索计划，使人类能够在太阳系内扩张。"

NASA 将与其合作伙伴一起使用绕月运行的"门户"月球指挥舱作为执行任务的集结点，使宇航员能够探索比以往更多的月球区域，这项工作将带来新的知识和机会，并对人类的下一代起到激励作用。而月球将作为一个试验场，以测试将人类带到火星及更远地方的技术和资源保障的可行性，这包括在月球上建造一个持续、可重复使用的建筑。

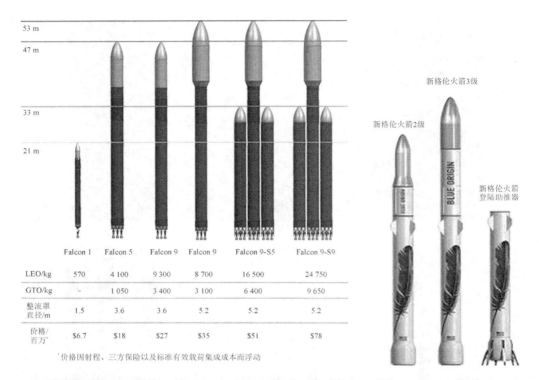

	Falcon 1	Falcon 5	Falcon 9	Falcon 9	Falcon 9-S5	Falcon 9-S9
LEO/kg	570	4 100	9 300	8 700	16 500	24 750
GTO/kg	–	1 050	3 400	3 100	6 400	9 650
整流罩直径/m	1.5	3.6	3.6	5.2	5.2	5.2
价格/百万*	$6.7	$18	$27	$35	$51	$78

*价格因射程、三方保险以及标准有效载荷集成成本而浮动

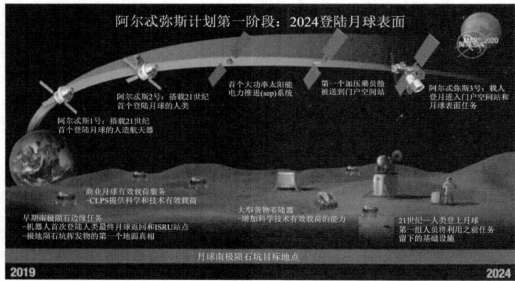

图 3.15　运载火箭——美国和美国宇航局计划(月球 2024 -阿尔忒弥斯)

图 3.16　2024 -执行月球任务的新火箭(SLS)

3.15　世界火箭一览

美国、俄罗斯、中国、日本、印度和欧洲的火箭演变如图 3.17 所示,其他具备卫星发射能力的国家还包括以色列、伊朗和朝鲜等。

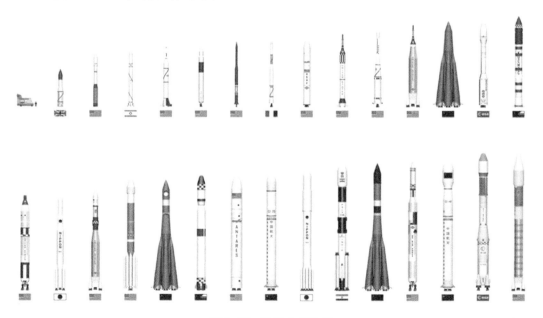

图 3.17　世界上的火箭

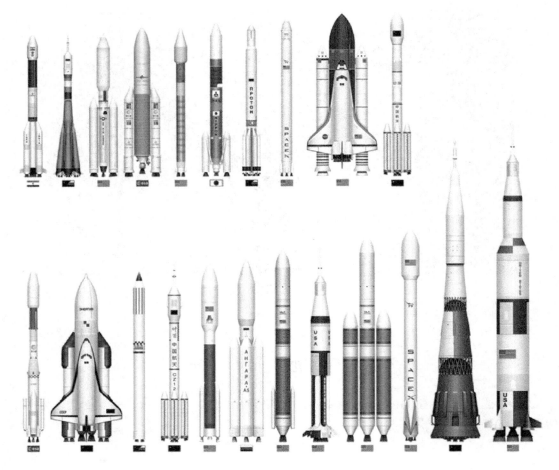

图 3.17　世界上的火箭（续）

第 4 章　火箭原理

4.1　什么是火箭？基本火箭科学

在 1969 年 7 月 20 日尼尔·阿姆斯特朗和巴兹·奥尔德林登上月球并安全返回之前,我们是否曾经想过人类有可能访问月球? 正是 20 世纪出现的飞机、计算机、核武器和火箭,使人类在地球上处于不同的地位。

火箭是探索宇宙、太阳系、月球和其他行星的重要工具,可以使我们脱离地球束缚,进入长期以来一直追求的新领域。此外,火箭还能将卫星送入地球轨道,用于通信、导航、地球资源测绘和灾害预警等方面。毫无疑问,这些火箭是真正的资产。

近年来,我们频繁听闻印度发射火箭并将卫星送入地球轨道。这引发我思考与卫星、火箭相关的问题,航天器或卫星在轨道上绕行地球或脱离地球进行太空探索,而火箭的使命则是传递所需速度给卫星,使其到达预定轨道(见图 4.1)。

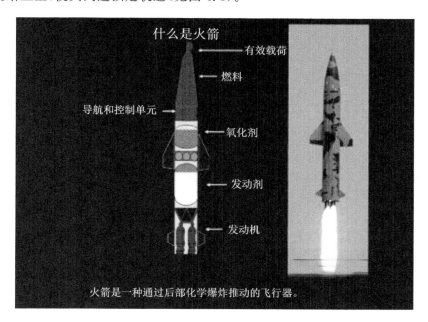

图 4.1　典型火箭的组成部分

火箭作为一种飞行器,由一个反作用发动机驱动的独立装置提供推进力。最简单的发动机形式是一个封闭在压力下的气体腔室,在其一端设有喷嘴,当被压缩气体从喷嘴中释放时,火箭就会产生相反方向的推力。

4.2 火箭基本原理

充气气球为理解火箭原理提供了一种简单易懂的方式。当气球完全封闭时,内部空气被压缩于橡胶壁之间,使得向内和向外的压力达到平衡状态,即机械平衡状态。而当受压空气突然从狭小喷嘴中释放出来时,气体会逃逸至周围低压区域,并产生反作用力——推力,将气球朝相反方向推动。

从图4.2可以看出,作用导致反作用。火箭与之类似,只是在产生加压气体的方式上有所不同。对于火箭而言,推进剂在燃烧室中发生化学反应并释放出加压气体,在喷嘴处向后排放。

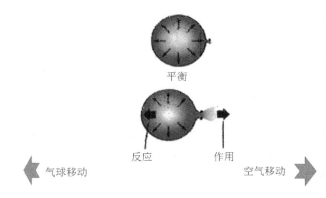

图 4.2　气球实验

4.3 牛顿运动定律

英国科学家艾萨克·牛顿于1687年出版了一本名为《自然哲学的数学原理》的著作,火箭原理在著作里可以获得深刻解释。牛顿提出了三个至关重要的科学原则,它们支配着地球或太空中所有物体的运动。这些原则被称为牛顿运动定律,而火箭正是基于这些定律发挥其功能的。定律如下:

① 孤立质点保持静止或做匀速直线运动。

② 物体加速度的大小与作用力成正比,与物体的质量成反比,且与物体质量的倒数成正比;加速度的方向与作用力的方向相同。

③ 相互作用的两个质点之间的作用力和反作用力总是大小相等,方向相反,作用在同一条直线上。

火箭是一种通常呈圆柱形状的飞行器,并装有能够产生热气的推进剂。这些热气通过喷嘴向后喷射,在此过程中产生一个作用力和一个相反而等效的反作用力,从而推动火箭前进。此外,火箭能在外太空运行,是因为其内部推进剂既包含燃料又包含氧化剂。下面让我们更深入地了解这些定律。

4.3.1 牛顿第一定律——"惯性定律"

处于匀速直线运动状态的物体将保持这种运动状态,除非受到不平衡的外力作用。同样地,静止的物体也会保持其静止状态,直至有外力作用于它。静止、运动和外部不平衡力的定义如下:

静止是指物体相对于周围环境位置不发生变化的状态。例如,当你坐在椅子上时,可以说你处于静止状态。然而,这个定义是相对的。因为即使你坐在飞行中的高速飞机上,也可能会感觉自己处于静止状态。这里要记住的重要一点是,相对于你周围的环境,你并没有移动(假设地球没有自转)。

运动是指物体相对于周围的环境改变位置。当一个球静止不动时,它处于静态状态;而当球滚动时,则表现出了运动特征。在图 4.3 中,滚动的球因其相对周围环境位置发生改变而被视作在运动中。火箭从发射台起飞时,也由静止转为运动状态。

静止物体将始终保持静止　　除非受到不平衡力的作用　　运动中的物体将以恒定的速度和方向继续前进

图 4.3　牛顿第一定律

定律中的第三项指的是外部不平衡力。如图 4.4 所示,当你手托着一个球并保持静止时,这个球就处于稳定状态,球本身受到的重力将其拉向下方,而你的手则托举它向上,两者对球施加的力是平衡的。但如果你松开手或者抬高它,这种平衡就会被打破,球将从静止状态转变为运动状态。

以火箭为例,发射台上的火箭处于平衡状态,因为发射台表面对其施加向上的推力,而重力则试图将其拉回地面。当点燃发动机时,来自火箭的推力打破了平衡状态,使得火箭开始向上飞行。

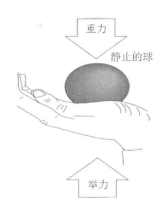

图 4.4　外部不平衡力

4.3.2 牛顿第二定律——"$F=ma$"

加速度与施加在物体上的力成正比,并且与力的方向相同。

这个运动定律本质上是一个数学方程描述。方程的三部分分别是力(F)、质量(m)和加速度(a)。用字母表示每一部分,方程可以写成

$$F=ma$$

我们还可以用另外两种方式来描述这个方程:

$$a=F/m \quad 或者 \quad m=F/a$$

为了阐明这一定律,我们以大炮为例,如图 4.5 所示。当大炮发射时,爆炸将炮弹从开口端推出,并飞行数千米击中目标。同时,大炮本身也被向后推移数米。这正是作用力和反作用力的体现(牛顿第三定律)。在大炮和炮弹上施加的力相等,它们的运动变化遵循牛顿第二定律。方程如下:

$$F=m_{大炮} \times a_{大炮}$$
$$F=m_{炮弹} \times a_{炮弹}$$

图 4.5 大炮的受力

第一个方程描述大炮的运动,第二个方程描述炮弹的运动。在第一个方程中,质量是大炮本身,加速度是大炮的运动。在第二个方程中,质量是炮弹,加速度是炮弹的运动。由于两个方程的力(火药爆炸)是相同的,可将方程合并、重写如下:

$$m_{大炮} \times a_{大炮} = m_{炮弹} \times a_{炮弹}$$

由此可知,加速度与质量成反比例关系,即大炮的质量越大,其加速度越小;而炮弹的质量越小,则其加速度越大。

将这一原理运用于火箭上。以火箭发动机所喷出气体的质量代替炮弹的质量,以朝向不同方向移动的火箭质量代替大炮质量。力源自于在火箭发动机内部推进剂受控燃烧所产生的压力,这种压力既加速了气体,也推进了火箭。

牛顿第二运动定律在设计高效火箭时显得尤为重要。出口速度是衡量火箭发动机性能的指标,需达到 28 000 km/h 以上的速度才可进入近地轨道。而要使火箭逃离地球飞向深空,则必须达到 40 250 km/h 以上的速度。为满足太空飞行的需要,火箭发动机需在短时间内施加最大作用力,需要燃烧大量燃料并迅速排放产生的气体。

4.3.3 牛顿第三定律——"作用力和反作用力定律"

每个作用力都会产生一个大小相等、方向相反的反作用力。图 4.6 通过火箭发动机排气所产生的推力来阐释这一定律。

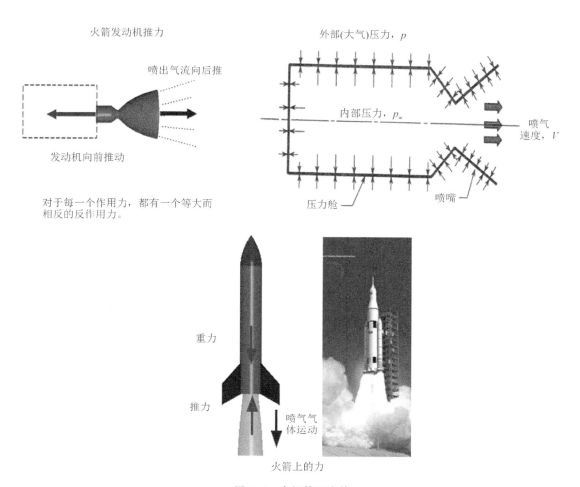

图 4.6 牛顿第三定律

只有在火箭发动机燃烧排放气体时,它才能从发射台起飞。火箭通过推动气体来产生反作用力,并将其排出发动机以产生推力(F)。这种作用会使火箭向相反方向运动。在地面,为了让火箭成功起飞,其所需的推力必须大于火箭所受的重力。而在太空中,即使是微小的推力也足以改变火箭的方向。

4.4 火箭飞行受力

当火箭在大气中飞行时,会受到 4 种力的作用:重力、推力,以及气动升力和气动阻力(见图 4.7)。

火箭的重量取决于其所有部件的重量。发动机所产生的推力与其重力相反作用。以空气动力学解释,升力是垂直于飞行方向的空气动力,但升力在火箭上不像在飞机上那么重要,因为飞机有大机翼和更宽的机身。阻力则是阻碍火箭飞行运动的空气动力,它很大程度上取决于火箭结构设计。因而,在太空中工作时,火箭实际上比在大气层中效率更高,因为没有空气

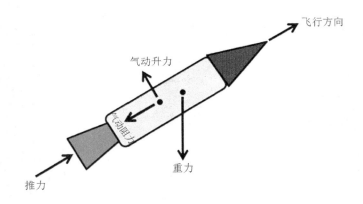

图 4.7 火箭上的作用力

的阻碍。

重心和压力中心

除了重心(CG),火箭内部还存在一个对其飞行影响巨大的中心——压力中心(CP)。只有当空气与箭体有相对运动时,才会形成压力中心。这些流动的空气作用于火箭表面,从而使火箭绕某一坐标轴转动。

类似于一个风向标,安装在屋顶上以显示风向。箭头连接在垂直杆上作为枢轴点,并且重心恰好位于枢轴点上。当有风吹过时,箭头指向迎面而来的方向,同时尾部指示着顺风方向,如图 4.8 所示。

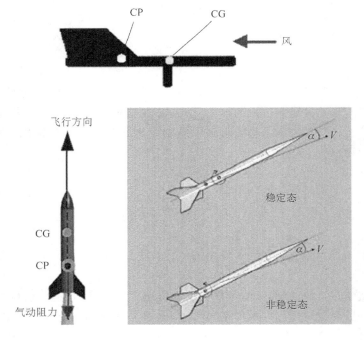

图 4.8 重心和压力中心的位置

风向标的箭头指向风向是因为箭头尾部表面积远大于箭头。气流对尾部施加的力比对头部施加的力更大，导致尾部被甩开。箭头上有一个点，该点两侧表面积相等，称为压力中心（CP）。压力中心和重心不在同一位置，否则箭头两端不会受到风的影响而产生方向偏移。压力中心位于重心和箭尾之间，使得箭尾表面积比箭头大。

火箭的压力中心位于尾部，而重心则位于头部。这一点至关重要，正如图 4.8 所示。只有当它们相距较远时，火箭才能在飞行过程中保持稳定。如果它们靠得太近或者处于同一位置，则会导致火箭姿态失稳的危险情况发生——火箭俯仰轴和偏航轴将围绕重心旋转。因此，在正确的位置上设置压力中心是确保火箭稳定飞行的必要条件。

火箭的控制系统，可以帮助其在理想的弹道上飞行并保持稳定。

4.5　火箭方程式

4.5.1　火箭推力

推力是指火箭推进系统对火箭施加的力，其单位为牛顿。这种力用于克服重力等其他阻力，以便在特定弹道上前进并完成任务。换言之，推力是作用于火箭上的合外力，在根据牛顿第二定律和动量变化率计算后得出。

动量是一个矢量，其值定义为质量乘以速度，即 $P=mv$（其中 P 表示质量 m 的动量，以标量速度 v 运动）。

$$F=\frac{\mathrm{d}P}{\mathrm{d}t}=m\,\frac{\mathrm{d}v}{\mathrm{d}t}+v\,\frac{\mathrm{d}m}{\mathrm{d}t}$$

火箭飞行就是基于动量随速度和质量变化的守恒。

$$F=\dot{m}v_e+m\dot{v}_e$$

只要发动机持续工作，火箭推力将不断延续。此外，火箭的质量在飞行过程中随着推进剂的消耗和出口速度的增大而变化。它的质量是它所有部分的总和。火箭部件包括：发动机、推进剂罐、有效载荷、控制系统和推进剂。目前为止，火箭质量最大的部分是推进剂。但随着发动机的燃烧，推进剂质量将不断减小。因此，在飞行过程中，火箭的质量会逐渐降低，并且其加速度也会相应增大。这就解释了为什么在起始阶段速度缓慢，随着它爬升到太空中，速度越来越快。

图 4.9 描述了推力方程。这是火箭设计中最重要的方程。

图 4.9 所示推力公式中，第一项 $\dot{m}v_e$ 代表动量推力，其由推进剂质量流量和相对于飞行器排气速度的乘积所组成。该力表示喷嘴出口压力等于环境压力时的总推进力。

由于喷嘴几何形状固定，环境压力随高度变化而变化，在喷嘴出口平面上可能存在外部环境或大气压力 p_o 和高温气体射流局部压力 p_e 的不均衡情况。因此，第二项表示压力推力，由喷嘴出口的截面（燃气喷射离开火箭的地方）和出口处燃气压力与环境流体压力之差的乘积组成。$\dot{v}_e$ 为喷管出口处气体质量加速度分量。如果出口排气压力 p_e 大于外部环境压力 p_o，则额外的推力可以表示为压力乘以面积，即 $(p_e-p_o)A_e$，其中 A_e 为喷管出口横截面积。若排气压力小于环境流体压力，则该推力为负，因此不可取。通常火箭喷管被设计为排气压力等

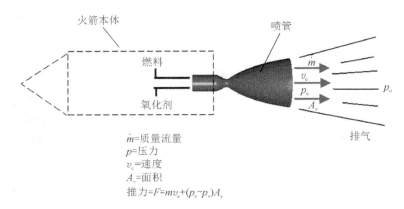

$\dot{m}=$质量流量
$p=$压力
$v_e=$速度
$A_e=$面积
推力$=F=\dot{m}v_e+(p_e-p_o)A_e$

图 4.9　推力公式

于或略高于环境流体压力。

当环境大气压力等于排气压力时,压力项为零,推力为

$$F=\dot{m}v_e$$

在真空中 $p_o=0$,推力变成

$$F=\dot{m}v_e+p_eA_e$$

4.5.2　加速度

火箭的加速度取决于三个主要因素,这与火箭的加速度方程相一致。第一个因素是火箭的排气速度。气体排出时相对于火箭的速度越大,则其加速度也就越大。在常规(非核)热气体推进系统中,实际极限排气速度约为 2.5×10^3 m/s。第二个因素是火箭抛射质量时所产生的推力速率。燃料燃烧得越快,推力也会变得更强,并且其加速度也会增大。第三个因素则是火箭本身的质量 m,在其他条件不变的情况下,质量越小,则其加速度就会更大。由于飞行过程中火箭质量 m 急剧下降,而其中绝大部分都是燃料消耗掉了,所以它的加速度将持续增大并在耗尽所有燃料之前达到最高峰值(见图 4.10)。

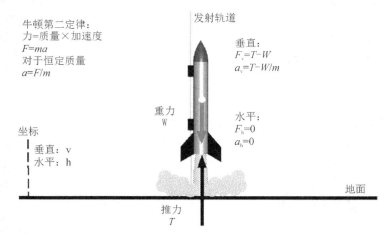

图 4.10　起飞时的加速度

火箭的质量为 m，向上的速度为 v。若忽略空气阻力，则系统受到外力 mg。在经过一段时间 Δt 后，该系统可分为两个主要部分：喷射气体和火箭其余部分。火箭反作用力克服重力并使其加速向上。

通过计算系统在 Δt 时间内动量的变化，并将其视为冲量，可以得到如下公式，它是火箭加速度的一个较好近似值：

$$a = (\dot{m}v_e)/m - g$$

式中，a 为火箭的加速度，v_e 为气体逃逸速度，m 为火箭的质量，而 $\dot{m}$ 则为喷气推进时所产生的质量变化率。

4.5.3 总比冲

总比冲是在燃烧时间 t 内，推力 F 随时间变化的积分。

$$I = \int_0^t F\,\mathrm{d}t$$

对于恒定推力和可忽略的启动和停止瞬变，可简化为

$$I = Ft$$

总比冲与推进系统中所有推进剂释放的总能量成正比。

4.5.4 比 冲

比冲是衡量推进剂产生推力效率的重要指标，它表示每秒消耗单位质量推进剂所产生的推力，单位通常用 N/(kg/s) 来表示，是评估火箭发动机性能的关键参数。

火箭推力方程：

$$F = \dot{m}v_e + (p_e - p_o)A_e$$

式中，p 为压力，v_e 为速度，A_e 为面积，$\dot{m}$ 为质量流量，F 为推力。

定义：等效速度为 $v_{eq} = v_e + \dfrac{(p_e - p_o)A_e}{\dot{m}}$，$F = \dot{m}v_{eq}$；

定义：总比冲为 $I = \int F\,\mathrm{d}t = \int \dot{m}v_{eq}\,\mathrm{d}t = m v_{eq}$；

定义：比冲量为总比冲/重量，即 $I_{sp} = \dfrac{I}{mg_0} = \dfrac{v_{eq}}{g_0}$，单位为 s。

$$I_{sp} = \frac{F}{\dot{m}g_0}$$

式中　F——发动机获得的推力（N）；

　　　g_0——标准重力加速度（m/s²）；

　　　I_{sp}——比冲量（s）；

　　　$\dot{m}$——消耗推进剂的质量流量（kg/s）。

固体和液体推进剂的比冲限制在 200～300 s，而低温推进剂 LH2＋LOX 的比冲则可达到 450～460 s（真空条件下）。一个以时间为单位测量的特定比冲例子是 453 s，相当于 RS-25 发动机在真空中工作时有效排气速度为 4 440 m/s。吸气式喷气发动机在海平面上的比冲通常要大得多，可达 6 000 s 或以上。

因此,吸气式发动机的推进剂效率远高于火箭发动机,这是由于自由空气充当了燃烧反应质量和氧化剂。虽然吸气式发动机的实际排气速度较低,但发动机的有效排气速度非常高。这是因为有效排气速度计算假设携带的推进剂提供了所有的反应质量和所有的推力。虽然冲压发动机和超燃冲压发动机的比冲相对较小,但它们可以在更高马赫数下运行。

据报道,在火箭发动机中测试的化学推进剂的最高比冲是 542 s(即 5.32 km/s),该推进剂由罕见的锂、氟和氢三种元素组成。然而,在任何实用火箭上使用这种组合都是不切实际的。因为锂和氟具有极强的腐蚀性,锂一旦接触空气就会引燃,而大多数燃料与氟接触也会引起爆燃;虽然氢本身不易自燃,但存在着爆炸的危险。此外,火箭排放的废气被电离后可能干扰无线电通信。因此,这种组合目前只具备理论意义。

4.5.5　增量速度——理想的火箭方程(参考 NASA)

火箭飞行过程中,由于推进剂不断消耗,导致火箭上的受力发生了巨大变化。火箭的质量不断减小,由于质量的变化,标准形式下牛顿第二运动定律无法用来确定火箭的加速度和速度。图 4.11 展示了考虑到火箭质量变化后,在飞行期间增加速度所需进行的推导过程。该过程忽略气动升力和阻力的影响。

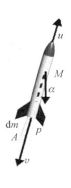

$M=$火箭瞬时质量　　$A=$喷口面积
$u=$火箭速度　　　　$p=$排气压力
$v=$排气速度　　　　$p_0=$大气压力

在时间增量 dt 内排出质量$=dm$　　$dm=\dot{m}dt$
系统动量变化$=Mdu-dmv$
系统上的力$=(p-p_0)A-Mg\cos\alpha$(忽略阻力)
动量变化$=$冲量$=$力$\times dt$
$Mdu-dmv=[(p-p_0)A-Mg\cos\alpha]dt$
$Mdu=[(p-p_0)A+\dot{m}v]dt$(忽略阻力)
等效排气速度$=V_{eq}=\dfrac{(p-p_0)A+v}{\dot{m}}$
$Mdu=V_{eq}\dot{m}dt=-V_{eq}dM$
$du=-V_{eq}\dfrac{dM}{M}$
$\Delta u=-V_{eq}\ln(M)\Big|_{m_f}^{m_e}$　　推进剂质量比$=MR=\dfrac{m_f}{m_e}$

$$\Delta u=V_{eq}\ln\left(\frac{m_f}{m_e}\right)=V_{eq}\ln MR=I_{sp}g_0\ln MR$$

图 4.11　增加速度所需进行的推导过程

M 表示火箭的瞬时质量,u 为火箭速度,v 为排气速度,A 为喷口面积,p 为排气压力,p_0 为大气压力。在时间段 dt 内,火箭将一小部分质量 dm 排出。α 是相对于飞行路径的角度。

通过火箭质量和速度的变化,我们可以推导出火箭动量的变化为 $M(u+du)-Mu=Mdu$。同时,我们还能够确定小质量物体 dm 在速度 v 下消耗的动量变化$dm(u-v)-dmu=-dmv$。所以系统的总动量变化(火箭+排气)为 $Mdu-dmv$。

现分析系统受力,忽略火箭阻力。火箭受重力为 mg,与飞行路径夹角为 α。压力由正 v 方向上的$(p-p_0)A$ 提供。因此,总受力为$(p-p_0)A-Mg\cos\alpha$。

　　系统动量的变化量等于系统所受冲量，即力在时间间隔 $\mathrm{d}t$ 内的积分。因此，我们可以将前两个方程结合起来：

$$M\,\mathrm{d}u - \mathrm{d}mv = \left[(p - p_\mathrm{o})A - Mg\cos\alpha\right]\mathrm{d}t$$

　　如果忽略重力，并进行代数变换，则有

$$M\,\mathrm{d}u = \left[(p - p_\mathrm{o})A\right]\mathrm{d}t + \mathrm{d}mv$$

　　又有，排放质量 $\mathrm{d}m$ 等于质量流量 $\dot{m}$ 乘以时间增量 $\mathrm{d}t$。上式可改写为

$$M\,\mathrm{d}u = \left[(p - p_\mathrm{o})A - \dot{m}v\right]\mathrm{d}t$$

　　在比冲的描述中，介绍了等效出口速度 V_eq 的概念，其定义为

$$V_\mathrm{eq} = v + (p - p_\mathrm{o})A/\dot{m}$$

　　如果将 V_eq 的值代入方程，则可得

$$M\,\mathrm{d}u = V_\mathrm{eq}\dot{m}\,\mathrm{d}t$$

　　$\dot{m}\,\mathrm{d}t$ 表示火箭瞬时质量的变化量，其符号为负，因为随着推进剂的消耗，火箭质量不断减少。

$$\dot{m}\,\mathrm{d}t = -\mathrm{d}M$$

代入方程：

$$M\,\mathrm{d}u = -V_\mathrm{eq}\mathrm{d}M$$
$$\mathrm{d}u = -V_\mathrm{eq}\mathrm{d}M/M$$

对方程积分：

$$\Delta u = -V_\mathrm{eq}\ln M$$

式中，u 代表速度变化量，$\ln$ 为自然对数函数。积分的上下限是从火箭初始质量到最终质量。火箭瞬时质量 M 由干重 m_e 和推进剂重 m_p 两部分组成。干重不随时间变化，但推进剂重却会随时间而变化，如下所示：

$$M(t) = m_\mathrm{e} + m_\mathrm{p}(t)$$

　　在火箭飞行时，其全质量 m_f 包括了干重和所有推进剂的质量。当燃料耗尽时，火箭的质量仅包括干重：

$$M_0 = m_\mathrm{f} = m_\mathrm{e} + m_\mathrm{p}$$
$$M_\mathrm{f} = m_\mathrm{e}$$

　　将这些值代入，便可得到如下结果：

$$\Delta u = V_\mathrm{eq}\ln(m_\mathrm{f}/m_\mathrm{e})$$

　　该方程被称为理想火箭方程。以下是几种附加形式：利用推进剂质量比 MR 的定义，有

$$\mathrm{MR} = m_\mathrm{f}/m_\mathrm{e}$$
$$\Delta u = V_\mathrm{eq}\ln\mathrm{MR}$$

V_eq 与比冲 I_sp 有关：

$$V_\mathrm{eq} = I_\mathrm{sp}g_0$$

式中，g_0 代表重力加速度，因此速度变化量与发动机比冲的关系如下：

$$\Delta u = I_\mathrm{sp}g_0\ln\mathrm{MR}$$

　　如果有一个期望的 Δu，则可将该方程进行变换来确定所需的推进剂质量比：

$$\mathrm{MR} = \mathrm{e}^{\left[\Delta u/(I_\mathrm{sp}g_0)\right]}$$

如果在火箭方程中考虑重力的影响,则方程应为

$$\Delta u = V_{eq} \ln MR - g_0 t_b$$

式中,t_b 是燃烧的时间。

理想火箭的有效假设(参考 George H Sutton 和 Oscar Biblarz 的《火箭推进元件》(*Rocket Propulsion Elements*))。理想火箭推进系统的概念是极为有用的,因为相关的基本热力学原理可以用简单的数学关系来表达。这些方程在理论上描述了准一维喷嘴流动,对应完整的二维或三维方程和真实的气动热化学行为的理想化和简化。在设计新火箭时,使用理想的火箭参数,然后进行适当的修正,已成为公认的做法。理想的火箭单元是满足下列条件的:

① 工作物质(或化学反应产物)呈现均一性。

② 所有种类的工作流体都是气态的,任何凝聚相(如液体或固体)对总质量的影响都可以忽略不计。

③ 工作物质遵循完全气体定律。

④ 火箭壁上没有热量传递,因此,流动是绝热的。

⑤ 没有明显的摩擦,所有边界层效应均被忽略。

⑥ 不存在冲击波或不连续的喷嘴流。

⑦ 推进剂的流动稳定不变,工质膨胀均匀平稳,无任何振荡。瞬间启停所带来的短暂影响可以忽略不计。

⑧ 所有从火箭排出的气体都具有轴向速度。

⑨ 气体的速度、压力、温度和密度在垂直于喷嘴轴的任何截面上都是均匀的。

⑩ 化学平衡在火箭腔内建立,气体成分在喷嘴内不发生变化(冻结流)。

⑪ 储存的推进剂处于室温。低温推进剂处于沸点。

4.6 分段/多级火箭系统

运载火箭旨在将有效载荷按所需速度发射进入预定轨道。采用单级构型执行任务需要庞大的火箭,因此设计师选择多级火箭,并从尾端依次丢弃燃尽的空级,抛弃结构质量有助于提升每一级的增量速度,以获得最后一级所需的速度。这个概念被称为分段。

分段可以是串行的,即一级在另一级之上;也可以作为助推系统中的捆绑式并联。ISRO 火箭 SLV-3 是前者的典型代表,而 GSLVMk Ⅲ 则采用并联分段方式,如图 4.12 所示。

SLV-3 配备四级固体推进剂火箭发动机。第一级重达 10 t,装载 9 t 推进剂,峰值推力高达 540 kN,足以提升 17 t 的负载。第二级仅有一级重量的 1/3,但能产生 290 kN 的巨大推力,并成功将 7 t 负载提升至更高。第四级则以 7.88 km/s 的轨道速度将 Rohini 卫星送入轨道。

GSLV Mk Ⅲ 设计用于将 4 t 级卫星送入地球同步转移轨道(GTO),或者将 10 t 级卫星送入近地轨道(LEO)。

GSLV Mk Ⅲ 的两个捆绑式发动机位于其核心液体助推器的两侧,被命名为"S200",每个 S200 携带 205 t 复合固体推进剂,其点火工作可使 640 t 的飞行器升空,升空推力为 10 000 kN。S200 可持续工作 140 s。在捆绑工作阶段,L110 液体核心助推器的两台集群 Vikas 液体发动

高度：22.7 m
起飞质量：17 t
推进剂：全固态
有效载荷质量：40 kg
轨道：低地球轨道

高度：43.43 m
起飞质量：640 t
推进剂：固态、液体和低温燃料
有效载荷质量：4 000 kg
轨道：地球同步转移轨道

图 4.12　SLV - 3 和 GSLV Mk Ⅲ 的规格

机将在升空 114 s 后点火，以进一步增大飞行器的推力。这两个引擎在升空后大约 140 s 分离安全带后继续工作。

第 5 章 火箭系统开发

中国古代的火箭、印度制造的第一枚金属火箭以及后来英国设计的金属火箭,在当时是既令人兴奋又极其危险的,许多火箭在发射时就发生爆炸,还有一些则失控偏离预定弹道,最终坠落在错误的位置。

今天,我们设计研制的火箭更加宏伟壮观、高效精准、可靠稳定。它们以足以逃离地球引力束缚的速度,按照精确的弹道飞向卫星轨道。我们对火箭的科学原理有了更深入的理解,并开发出更先进的推进系统、制导与控制技术、飞行软件和测试方法。这些技术被应用于各种令人兴奋且具挑战性的任务中,包括再入和重复使用等领域。接下来,让我们一起来了解典型的火箭结构。

5.1 火箭分系统和部件

火箭是一个综合系统,由各种分系统、部件和相互连接的部分构成,以实现将航天器、航天员或其他货物送入预定目标轨道。为满足其使命任务,火箭主要由推进系统、结构系统、制导与控制以及有效载荷 4 个主要部分组成。其分解结构如图 5.1 所示。

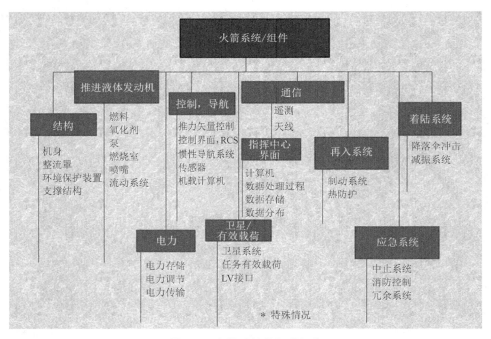

图 5.1 火箭系统的组成部分

火箭的组成系统及其功能如下:

- 推进系统:分为液体和固体发动机推进系统两类,其中液体发动机推进系统包括燃料和氧化剂泵、流动系统、燃烧室和喷嘴等,固体发动机推进系统包括固体推进剂、绝缘材料、点火器和喷嘴等。
- 结构系统:采用适合的航天材料(金属或复合材料)制造火箭发动机外壳/贮箱、级间、整流罩和其他部件的支撑结构,确保制造工艺符合要求。
- 控制和制导:控制系统包括姿态控制系统(ACS)和反作用控制系统,推力矢量控制(TVC)以及各种控制翼面(鳍或机翼);此外,还有导航传感器,例如惯性导航单元和星跟踪器,以及装载任务软件和电子设备的机载计算机。
- 电力:电力存储(电池)、电力使用条件,以及电力分配和利用。
- 遥测电子设备:包含指挥计算机、数据处理、天线。
- 卫星/有效载荷:搭载任务仪器和子系统、机组人员、货物以及运载火箭-卫星接口的航天器,也包括导弹的弹头。
- 再入热保护系统、带降落伞的回收系统、制动系统以及特定任务所需的冲击阻尼系统。
- 通信、控制中心接口、数据处理。
- 中止系统、冗余系统、与发射装置的脐带接口。

如图 5.2 所示是一个典型的火箭系统,包括液体和固体推进剂火箭的所有子系统。接下来我们将详细介绍每个系统。

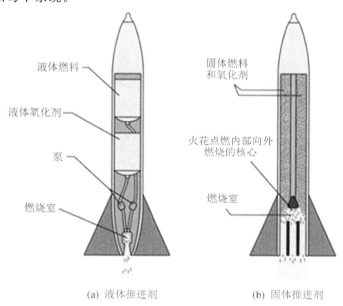

(a) 液体推进剂　　　　　(b) 固体推进剂

图 5.2　典型的液体和固体燃料推进剂火箭

5.2　推进系统

推进系统的一般分类如图 5.3 所示。

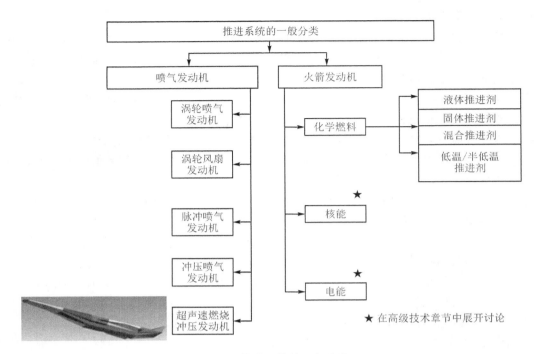

图 5.3 推进系统的一般分类

5.2.1 固体推进剂火箭

火箭发动机与喷气发动机不同。喷气发动机需要空气中的氧气才能运转；而火箭发动机则携带燃烧所需的一切原料，因此在没有空气的太空环境中也能正常工作。

目前主要有两种类型的火箭发动机。一些火箭使用固体燃料，如 SLV - 3、烈火导弹、阿丽亚娜捆绑助推器和 H - Ⅱ。这类固体推进剂火箭通常被用作助推器，以提供巨大起飞推力，就像航天飞机上的固体火箭助推器(SRB)一样。

5.2.2 大型固体助推器

航天飞机的 SRB 在起飞和上升过程中可以提供 71.4% 的推力，是目前最大且可重复使用的固体推进剂发动机。每个 SRB 长 45 m，宽 3.7 m，重 68 000 kg，外层覆盖 13 mm 厚的高强度钢外壳。其组件包括固体推进剂发动机、鼻锥和火箭喷嘴。其中，固体推进剂发动机是 SRB 的主要结构部分，其外壳由 11 个钢节组成并带有舌形和螺纹接头。鼻锥则配置有前分离电机以及回收所需的降落伞系统。而火箭喷嘴在保证飞行稳定性的同时实现姿态调整，最大可平衡 8° 的角度变化。

SRB 上每枚发动机均装有 50×10^4 kg 固体火箭推进剂，可提供 13 300 kN 的推力。该推进剂以 16% 的雾化铝粉作为燃料，69.8% 的 APCP(高氯酸铵粉末)作为氧化剂，使用 12% 的 PBAN(聚丁二烯丙烯腈)作为黏合剂，并添加 0.2% 的氧化铁以辅助燃烧过程。此外，在第一阶段发射时，SRB 还能够为轨道飞行器和外部燃料箱提供结构支撑，并成为唯一连接到移动发射平台(MLP)系统的组件。

在美国实施航天飞机计划期间(现已终止该计划)，火箭推进器在发射后 2 min 在大约

46 km 的高度耗尽燃料,随之分离被抛掉。分离后,助推器会展开鼻锥和主降落伞,使其降落在海上,由工作人员回收。随后,它们将被送回卡纳维拉尔角进行清洗、拆卸和翻新。

固体推进剂火箭 SLV-3 的构造如图 5.4 所示。

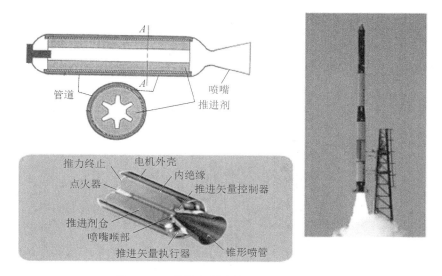

图 5.4　固体推进剂火箭 SLV-3 的构造

PBAN(聚丁二烯丙烯腈)和 HTPB(端羟基聚丁二烯)是常用的黏合剂,它们与铝粉、添加剂以及氧化剂过氯酸铵(APCP)一起被应用于复合推进剂。在典型的固体火箭发动机中,推进剂占其总质量的 85%~90%。

有些发动机沿着火箭中轴线设置星形通道,而内部开放式通道的壁面则作为燃烧表面,如图 5.5 所示。另外,一些颗粒被称为末端燃烧颗粒,因其无孔且从一端开始燃烧。其他的则有更奇特的燃烧面,这取决于颗粒设计,根据任务要求(推力-时间剖面逐渐增加(1)、中性(2)或递减(6))。

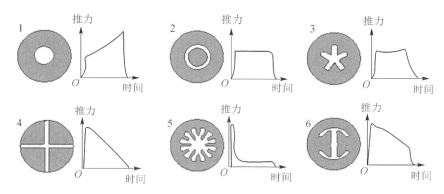

图 5.5　一些柱状几何形状及其相应的推力曲线

5.2.3　燃烧速率

根据推进剂的成分、颗粒结构和燃烧室压力,推进剂以 mm/s 的速率燃烧。其燃烧速率可通过圣罗伯特定律公式 $r=apn$ 计算得出,其中 r 表示燃烧速率,a 表示温度系数,p 表示火箭发动机的压力,n 表示燃烧指数。

颗粒外部是隔热屏障,用于保护火箭发动机外壳免受极端高温和压力侵蚀。通常采用Rocasin(印度空间研究组织开发的火箭外壳绝缘材料)或EPDM(乙丙二烯单体——一种合成橡胶)等绝缘橡胶材料来加固固体火箭发动机。而火箭中唯一可重复使用的部分则是其坚实耐用的外壳,若设计得当,则可以多次利用。如图5.6所示,固体火箭发动机制作过程包括准备好机匣、绝缘衬里,发射药芯轴浇注成型、烘箱固化及端头修整。

浆料浇注　　　　　压力浇注　　烘箱固化

涂层电机　　　　　　　　端头修整

图 5.6　火箭发动机制作过程

固体火箭发动机采用各种形状和尺寸的设计,以优化燃烧室内颗粒和燃烧表面,按照所需的推力-时间曲线,使推进剂有效燃烧。流体在底部进入收敛-扩张喷嘴,在此加速并产生所需的推力。通过地面静态测试验证,可以建立飞行中所需的推力-时间曲线。

SLV-3的设计包括4台固体推进剂火箭发动机。在开发过程中,总共进行了56次静态测试,以确保发动机适合飞行。如图5.7的分解图所示,SLV-3配备了4级固体推进剂火箭发动机。

5.2.4　液体推进剂火箭

液体推进剂火箭的推进系统有4个主要组成部分:推进剂(燃料和氧化剂)储存室、火箭发动机燃烧室和喷嘴组件、气体发生器、涡轮泵,如图5.8所示。其中,燃料和氧化剂储存在不同的罐中,因为它们是自燃的。同时,在一定条件下,部分推进剂会在气体发生器中进行高温燃烧,并产生足够强劲的高温气体来为涡轮泵提供所需的动力。根据最有效的化学计量比,两个独立的涡轮泵将所需数量的液体推进剂注入燃烧室,并以精细蒸汽喷雾的形式通过喷嘴喷射。由于其自燃性质,瞬间发生燃烧并产生高温气体,随后通过喷嘴膨胀产生推力。Vikas发动机被用作PSLV火箭第二级,在图5.9中展示了该引擎作为液体推进剂火箭的例子。

Vikas发动机在58.5 bar(1 bar=101 kPa)的压强下产生800 kN的推力。该设计是法国SEP公司维京发动机的授权版本,采用涡轮泵供气系统,如图5.9所示。

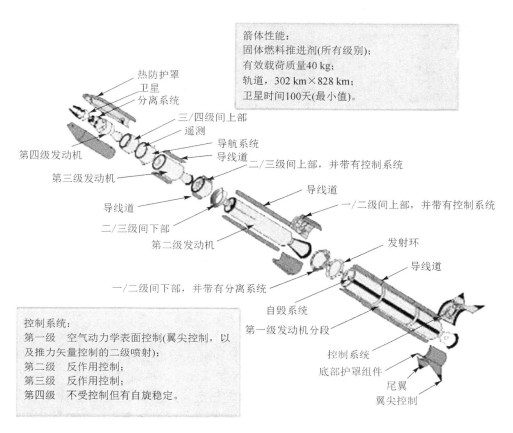

箭体性能：
固体燃料推进剂(所有级别)；
有效载荷质量40 kg；
轨道，302 km×828 km；
卫星时间100天(最小值)。

热防护罩
卫星
分离系统
三/四级间上部
遥测
导航系统
导线道
二/三级间上部，并带有控制系统
第四级发动机
第三级发动机
导线道
二/三级间下部
第二级发动机
导线道
一/二级间上部，并带有控制系统
发射环
导线道
一/二级间下部，并带有分离系统
自毁系统
第一级发动机分段
控制系统
底部护罩组件
尾翼
翼尖控制

控制系统：
第一级 空气动力学表面控制(翼尖控制，以
及推力矢量控制的二级喷射)；
第二级 反作用控制；
第三级 反作用控制；
第四级 不受控制但有自旋稳定。

图 5.7 SLV-3 的分解视图

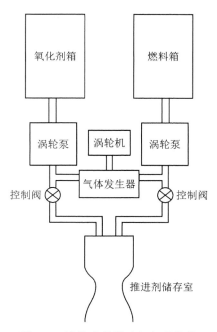

氧化剂箱
燃料箱
涡轮泵
涡轮机
涡轮泵
控制阀
气体发生器
控制阀
推进剂储存室

图 5.8 液体火箭发动机组成部分

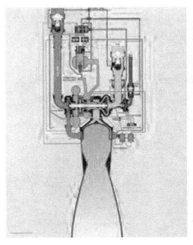

(a) Vikas发动机(ISRO提供)　　　　　　　　　　(b) 地面测试

图 5.9　液体燃料推进火箭

压力供给系统

液体火箭发动机的推进剂供给系统决定了燃料如何从储箱输送到推力室。在前文中,我们已经探讨了 Vikas 发动机所采用的涡轮泵供给系统。还有一种类型的供给系统被称为压力供给系统(见图 5.10),它依靠高压气体将燃料和氧化剂送入推力室,这种方式简单而高效。这类系统通常用于卫星推进和辅助推进,只需少量的推进剂即可操作几 N 级别的推进器。

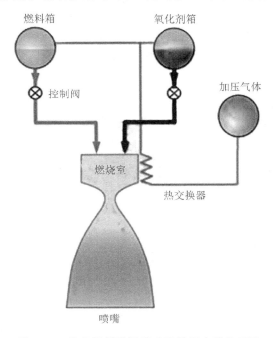

图 5.10　液体燃料推进发动机的压力供给系统

压力供给系统通常包括以下组成部分：① 储存推进剂的增压罐；② 为供气系统提供能量的增压气体或其他排出装置；③ 控制压力和流量的阀门；④ 输送流体到推力室以产生推力的管道或管路。该系统可以像冷气体推进器一样简单，将加压罐与推进剂罐相连。它可以是单一推进剂系统（例如肼），也可以是双重推进剂系统（需要一个压力系统将两种不同类型的燃料排入供给系统）。在 SLV-3 中，第二级使用 RFNA（红色富氧硝酸，它是 $HNO_3 + NO_2$ 的组合）和肼作为氧化剂和燃料。第三级采用单一燃料——肼。通过钛合金高压空气瓶提供所需的压力来驱动推进剂流动。

压力供给系统主要用于轨道机动、姿态控制、反作用控制和小型上面级推进，是航天器成功执行任务的重要保障。

5.2.5　液体推进剂的类型

火箭使用的液体推进剂分为地面储存（常温）型、半低温型和低温型三种。

① 常温推进剂组合具有自燃性质，主要用于大型火箭发动机的第一级和或第二级，并且几乎所有双推进剂低推力、辅助或反作用控制火箭发动机都会采用此类推进剂。通常情况下，此类推进剂主要为四氧化二氮（N_2O_4）和偏二甲肼（UDMH）。

在 Prithvi 导弹上，RFNA 和 g-燃料（Xylidine 和三乙胺的等摩尔混合物）被用作推进剂。这些化学品具有极高的腐蚀性，任何泄漏都必须立即得到妥善处理。

这些推进剂具有合理的储存时间，并且几乎可以立即准备好启用而不会延迟。在许多卫星和上面级双推进剂推进器中，四氧化二氮和单甲基肼（MMH）搭配使用，服役时间可超过 10 年。此外，在维护空间站时还使用单体推进剂肼作为辅助发动机/推进器。

液体火箭在达到所需性能的同时，其涡轮泵叶片可能会出现突跳、斜切和气蚀等问题，因此，在设计过程中必须采取必要的纠正措施。发动机冷却是必须要考虑的问题，以确保达到发动机理想性能。

② 液氧与碳氢化合物推进剂（如煤油、丙烷或甲烷）的半低温组合，被用于运载火箭的助推器级。相较于常温推进剂，该组合具有更高的比冲和平均密度。历史上，俄罗斯率先研发了半低温火箭，最初将其应用于弹道导弹。

③ 液氧-液氢（LOX-LH2）由于具有较高的比冲，被用于运载火箭的上面级，特别适用于高速飞行任务。在重型运载火箭（如航天飞机、阿丽亚娜-5 和 H-II）的设计中，LOX-LH2 组合被用作大型核心第一级，与固体捆绑式助推器配合使用以提供必要的推力。

5.3　低温火箭发动机(LOX＋LH2)

在低温火箭发动机中，燃料和氧化剂均为液态气体，在极低的温度下储存。人们探索了各种低温燃料和氧化剂的组合方式，液态氢（LH2）作为燃料、液态氧（LOX）作为氧化剂是应用最广泛的一种搭配。这两者都易于获取且价格便宜，燃烧时释放的焓值最高，在有效排放速度达到 4.4 km/s 时可产生 450 s 的比冲。这些高效发动机首先应用于美国阿特拉斯-半人马（RL-10）上。

燃烧低温推进剂的火箭发动机仍广泛应用于高性能上面级和助推器。美国、俄罗斯、日本、法国、中国和印度均拥有低温发动机和低温级。欧洲航天局的阿丽亚娜 5 号、JAXA 的 H-Ⅱ以及美国空间发射系统都采用了低温核心和固体捆绑助推器来增强起飞推力。

虽然可以将推进剂以加压气体的形式储存,但这需要使用大而重的储罐,这将使实现轨道太空飞行变得困难。相比之下,如果推进剂被充分冷却,则可以以更高密度和更低压力的液态形式存在于储罐中,从而简化储罐设计。不同推进剂液态储存所需达到的低温也各有差异:液氧要求在−183 ℃以下,液氢则需要在−253 ℃以下。

低温火箭发动机的主要组成部分包括燃烧室、点火装置、喷油器、涡轮泵、低温阀、调节器、燃料箱和火箭发动机喷嘴。在推进剂输送方面,低温火箭发动机几乎完全采用泵送方式,并可应用于燃气发生器循环、分段燃烧循环或膨胀器循环中。图 5.11 展示了低温火箭发动机在运载火箭上的典型试验与应用情况。

低温发动机

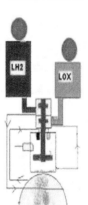

低温燃料发动机

飞行中的低温燃料级
LH2: -253 ℃沸点
LOX: -183 ℃沸点

低温燃料级

地面发动机测试

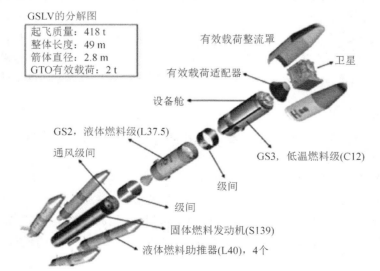

图 5.11 低温燃料推进和 GSLV 的分解图

采用上述三种推进剂的典型火箭是 GSLV Mk II。

5.3.1　半低温火箭发动机

半低温发动机采用液氧(LOX)作为氧化剂,燃料可选用航空煤油(RP-1)、甲烷或丙烷。在早期的火箭中,苏联人广泛使用 RP-1 作为燃料,液氧作为氧化剂,用于大型助推器。与固体和可储存的液体推进剂相比,这种组合能够提供更高的推力。此外,RP-1 还占据更少的空间,可使火箭携带更多的推进剂。与低温发动机相比,半低温发动机环保且经济实惠,是运载火箭助推器的理想选择。"东方号"(Vostok)火箭在 20 世纪 60 年代早期就曾使用 LOX-RP1 发动机,其中 16 台分别安装于 4 个助推器上,每个产生 970 kN 的推力;核心第一级则有 4 台发动机;上层也全部采用小型半低温发动机进行驱动。

执行"阿波罗"任务的"土星 5 号"使用了 5 台半低温 F-1 发动机,推进剂使用 RP-1 和液氧,每台发动机产生的海平面推力为 6 670 kN。F-1 仍然是有史以来最强大的单燃烧室液体推进剂火箭发动机(见图 5.12)。

SpaceX 公司在其"猎鹰 1 号"、"猎鹰 9 号"和"猎鹰"重型运载火箭上采用"梅林"系列火箭发动机。该系列发动机以 RP-1 和液氧为推进剂,通过单轴双叶轮涡轮泵输送。此外,涡轮泵还可提供高压流体给液压驱动系统,然后再循环至低压进口,省去了单独的液压驱动系统设计,发动机可以产生 845 kN 的推力。

注:1 ft=25.4 cm。

图 5.12　半低温燃料 F-1 发动机

"猛禽"是 SpaceX 公司开发和制造的全流量分级燃烧循环火箭发动机系列,旨在为正在开发中的星舰提供完全可重复使用的运载火箭。该引擎采用低温液态甲烷和液氧(LOX)作为推进剂,而之前由 SpaceX 公司生产的"梅林"和"红隼"火箭发动机使用的推进剂为 RP-1 和液氧。"猛禽"发动机的推力是 SpaceX 公司目前为"猎鹰 9 号"和"猎鹰"重型运载火箭提供动力的"梅林"发动机的 2 倍多。图 5.13 展示了 SpaceX 公司位于麦格雷戈的"梅林"1D 点火试验。

图 5.13　SpaceX 位于麦格雷戈的"梅林"1D 点火试验

5.3.2　印度空间研究组织半低温发动机(SCE - 200)

自 2005 年签署《合作框架协议》以来,印度和乌克兰一直保持着紧密的合作关系。半低温发动机 SCE - 200 是由印度研制的发动机,使用煤油和液氧作为燃料,具有 200 t 推力。该发动机采用富含氧化剂的分段燃烧循环技术,并将与乌克兰 Yuzhmash 公司合作进行测试。一旦准备就绪,它将被用于装备 ISRO 未来的发射器,如目前正在研发中的统一运载火箭(ULV)。这个 200 t 级的核心级发动机将取代目前 GSLV Mk - Ⅲ所使用 110 t 级发动机(推进剂为 UDMH＋N_2O_4)。这项改进使得 GSLV Mk - Ⅲ能够将其向地球静止转移轨道(GTO)发射通信卫星的运载能力从 4 t 提升到 6 t。

固液混合火箭发动机可采用固液燃料组合,以满足特定应用需求。其最简形式包括装有液态氧化剂的压力容器、含有固体推进剂的燃烧室和分离机构。当需要推进时,点火源被引入燃烧室,并打开阀门使液态氧化剂(或气体)流入其中,在边界层扩散火焰中与固体推进剂反应并发生燃烧。

液体推进剂通常为氧化剂,而固体推进剂则为燃料。这是因为固态氧化剂存在极高的危险性,且性能不如液态氧化剂。

到目前为止,我们的火箭要么使用液体推进剂,要么使用固体推进剂,这些火箭在高压室中燃烧产生热气体产品,并通过排气喷嘴膨胀产生推力。它们可以在任何高度工作,包括大气层以上。但是航空发动机只能在大气范围内工作,因为需要空气作为氧化剂。航空吸气式推进系统包括涡轮喷气发动机、冲压发动机、导管式火箭、超燃冲压发动机和双燃烧冲压发动机(DCR)等多种类型。其中,带有导管的火箭可以使用传统碳氢化合物燃料,在下游燃烧室中将富含燃料的排出物与从大气中捕获的空气混合以提高循环效率,且可通过节流的方式增加弹道的灵活性。图 5.14 展示了不同声速区域下运行系统的实例。

涡喷发动机(见图 5.15):传统的涡喷发动机采用机械压缩(冷却)进气道中的空气,然后通过位于下游的热力涡轮进行压缩。

冲压发动机(见图 5.16):在超声速下,冲压发动机能够高效运转,在亚声速下进气道具备

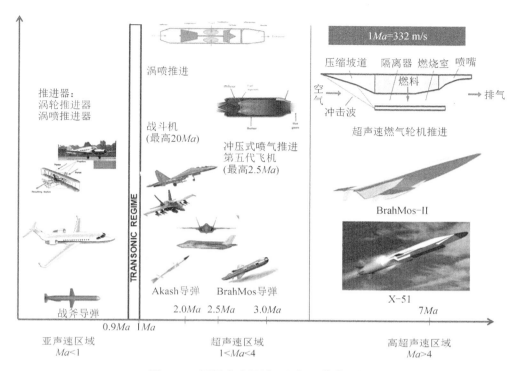

图 5.14　不同声速区域下运行系统的实例

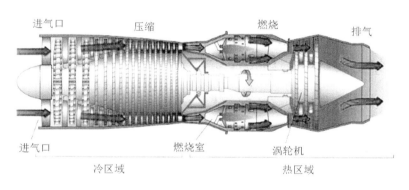

图 5.15　涡喷发动机

足够的压缩性。由于排气速度超过 $1Ma$，该发动机以超声速方式运行，速度可达 $5Ma$，而超燃冲压发动机则可实现更高的运行速度。为了将飞行器加速到所需的速度，必须将冲压发动机或超燃冲压发动机与某种额外形式的推进装置相结合。

　　火箭推进系统和冲压发动机可以结合使用，共同利用一个燃烧室，这种被称为整体式火箭冲压发动机的小型配置在超声速导弹的应用上很有吸引力。

　　图 5.17 呈现了一种采用整体式火箭冲压发动机推进的导弹。当固体推进剂被消耗后，将飞行器的速度提升至约 $2Ma$，火箭燃烧室转变为冲压发动机燃烧室，利用空气作为氧化剂与冲压发动机燃料反应燃烧形成推力（如富含硼基固体或 RP‑7 航空煤油）。这种结合了火箭和冲压发动机原理的技术，比化学火箭发动机具有更高的性能（比冲）。然而，其工作范围仅限

于地球大气层内。

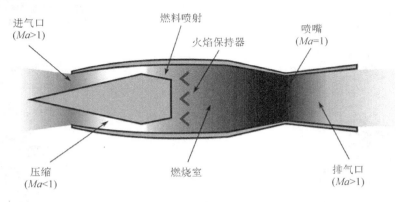

图 5.16　冲压发动机

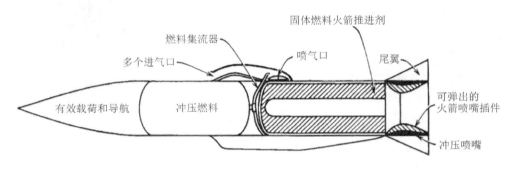

图 5.17　阿卡什导弹中的超燃冲压发动机

　　阿卡什导弹是一种地对空导弹,其拦截距离可达 30 km。该导弹直径为 35 cm,长为 5.78 m,发射质量为 720 kg。阿卡什以超声速飞行,最高时速可达 $2.5Ma$,并能够飞至 18 km 的高度。此外,它可以从履带式和轮式平台进行发射。机载制导系统与制动器系统相结合使得该导弹具备了操纵 $15g$ 负载和追击敌方目标的能力。数字近炸引信与 55 kg 预破片战斗部相结合,并且安全武装和起爆机制可控制起爆顺序。该导弹由集成冲压火箭发动机推进,在整个飞行过程中都能保持速度而不减速。

　　导弹的机翼中间有 4 个长管冲压发动机进气道。中间安装有 4 个修剪三角形移动机翼,用于俯仰或偏航控制;尾翼安装有 4 个内联夹三角翼与副翼,用于滚动控制。阿卡什的复合材料技术包括天线罩组件、助推器衬套、烧蚀衬套、支撑衬套、压缩成型机翼和翼片。

5.4　液体冲压发动机推进

　　布拉莫斯超声速巡航导弹采用液体冲压发动机和固体推进剂助推器,导弹由两级推进系统提供动力。初始加速度由固体推进剂助推器提供,而超声速巡航则依靠高效的液态燃料冲压发动机系统实现。相较于传统火箭推进系统,吸气式冲压发动机更为节油,并且能够让布拉莫斯导弹拥有比同类火箭推进系统更远的射程。

冲压发动机主要围绕其进气道设计(见图 5.18)。发动机高速运动于空气中,上游形成高压区域,利用上游高压力,冲压发动机将空气引入管道,并与燃料混合燃烧加热。最后通过喷嘴将其加速到超声速。

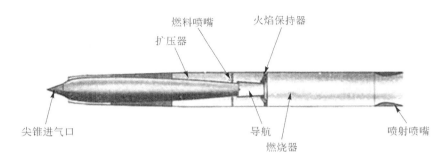

图 5.18 布拉莫斯导弹中的液体超燃冲压发动机

冲压发动机利用空气的高速特性通过进口扩散器将空气注入燃烧室。在超声速和跨声速的飞行中,进气道上游的空气无法迅速移开,在扩散器内被压缩并扩散到燃烧室。冲压发动机的燃烧在亚声速环境下进行,但其产生的燃烧产物随后通过收敛-发散喷嘴被加速至超声速。冲压发动机有时被称为"飞行烟囱",这是一种非常简约的装置,包括一个进气口、一个燃烧室和一个喷嘴。

通常,唯一的活动部件是涡轮泵内的部件,在液体燃料冲压发动机中,涡轮泵将燃料注入到燃烧室。

每个推进系统的能量级别用比冲(s)来衡量。固体和液体推进剂提供 300 s 的比冲,低温发动机提供 450 s 的比冲,固体冲压发动机提供 600 s 的比冲,液体冲压发动机提供 1 200 s 的比冲。

液体冲压发动机除质量轻、体积小、燃油经济性好、超声速巡航运行高度范围宽、储存时间长外,还具有固体推进剂能量水平 4 倍的明显优势。印度国防研究与开发组织决定与俄罗斯的马什诺斯托耶尼亚(Mashinostroyenia)NPO 合作,利用其提供的液体冲压发动机,联合开发设计一种可行的巡航导弹——布拉莫斯。该名字是对印度和俄罗斯两条著名河流——布拉马普特拉河和莫斯科河的致敬。

巡航导弹是一种自主制导的机载飞行器,其机翼和持续工作的推进系统在整个飞行过程中产生空气动力升力。该型号导弹具有以下优点:① 可对推力进行精确控制;② 可在广泛高度范围内操作;③ 体积小且雷达截面特征最小化;④ 由于氧化剂来自大气,因此具有良好的燃油经济性;⑤ 精度高。此外,如果它能够以超声速运行,则只给敌人留下最短反应时间进行防卫,同时在摧毁目标方面也将产生巨大效果。

布拉莫斯是一种多用途导弹,可从舰艇、陆地、发射井、潜艇和飞机上发射。高精度和速度以及多样化的发射平台使其成为最具杀伤力的武器之一。该导弹第一级采用固体推进剂,第二级采用液体冲压发动机,在惯性导航引导下飞行,并在飞行末端通过机载导引头锁定目标。它是一种战术导弹,拥有高度机动的能力。

5.4.1 超声速燃烧冲压发动机(超燃冲压发动机)

超燃冲压发动机是对传统冲压发动机的改进,能够在高于 $5Ma$ 的高超声速环境下有效运行,并实现超声速燃烧。因此,它被称为超声速燃烧冲压发动机或者超燃冲压发动机(见图5.19)。传统冲压发动机总是将进入燃烧室的空气减速到亚声速。在超燃冲压发动机中,空气以超声速穿过整个发动机。这增加了从自由流中恢复的滞流压力,提高了净推力。同时,在燃烧室入口处设置一个相对较高的超声速空气速度,可以避免排气时出现热阻塞。通常将燃油喷射进入位于燃烧室壁下方台阶之后的遮蔽区域。

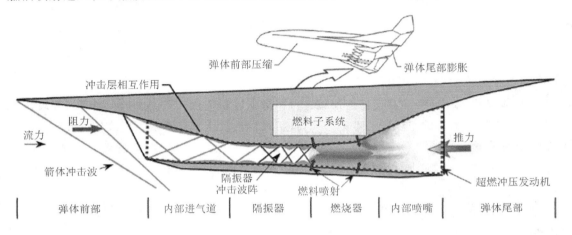

图 5.19　超声速燃烧冲压发动机(SCRAMJET)

超燃冲压发动机由三个基本部件组成:① 收敛进气道,将空气压缩;② 燃烧室,在其中气体燃料与大气中的氧气汇合燃烧并产生高温;③ 分流喷嘴,加速加热后的空气以产生强劲推力。不同于典型的涡扇或涡喷发动机,超燃冲压发动机无需旋转式扇形零件来实现空气压缩。

由于其设计特性,超燃冲压发动机需在高超声速下运行。在缺乏机械压缩器的情况下,超燃冲压发动机需要高动能的高超声速气流来压缩进入的空气以达到工作条件。因此,驱动使用超燃冲压发动机的飞行器必须通过其他推进方式加速至所需速度(通常约为 $4Ma$),例如涡喷发动机、轨道炮、助推火箭或者是另一种类型的冲压发动机。

5.4.2 超燃冲压发动机的研究

超燃冲压发动机的概念和原理很简单,但实际应用面临着极端技术挑战。尽管自20世纪50年代以来,该技术在一些国家得到了不断的发展和完善,但直至最近才成功实现了动力飞行,且持续时间仍然很有限。高超声速飞行在大气层内会产生巨大阻力和极端温度环境,在超声速气流中保持较长时间的燃烧存在许多挑战,例如燃料喷射、混合、点火和燃烧过程需要在几 ms 内完成。目前,超燃冲压发动机技术需要使用高能量密度的主动冷却方案来维持其运行,通常采用氢和再生冷却技术,以及耐高温材料。

印度科学院卓越中心在高速空气动力学和相关跨学科领域进行了重点合作研究,包括但不限于高超声速流动控制、气动配置新概念、超燃冲压发动机、数值模拟与地面测试、超声速气体混合及相关复杂气体动力学问题,以及高超声速飞行所需的特殊材料/涂层和下一代控制与导航策略;此外,还进行了针对高超声速飞行器专用 MEMS 和纳米传感器以及超燃冲压发动机燃料化学反应等方面的研究。

研究中心面临的挑战如下:

- 基于亚声速、声速、超声速和高超声速综合流动研究的高超声速飞行系统 CFD 模型演化。
- 高超声速流动控制——从实验室概念到实际应用的验证。
- 开发产生高升力的表面。
- 超燃冲压发动机驱动的高超声速系统的最佳配置。
- 极高超声速条件下的复杂气体动力学。
- 用于高超声速系统的特殊材料/涂层。
- 下一代高超声速飞行器控制与导航技术。
- 开发特定应用领域的 MEMS 和纳米传感器。
- 理解超燃冲压发动机中燃料的化学动力学。

印度空间研究组织和印度国防研究与发展组织已进行了短期飞行试验,然而要完善运载火箭或导弹的技术和配置,仍需付出更多努力。

这种高速使得控制燃烧室内的流动变得更加困难。由于气体流动是超声速的,没有下游影响而在燃烧室中自由传播,入口的节流推力喷嘴不再是一种可用的控制技术。实际上,气体进入燃烧室必须与燃料混合,并具备足够的起爆和反应时间,在气体通过推力喷嘴膨胀前以超声速穿过整个空间。这对流体的压力和温度提出了严格的要求,同时也需要非常高效的燃油喷射和混合。新出现的挑战是创新、探索以及开发可重复使用的高超声速飞行器技术。高超声速战斗机和高超声速巡航导弹的技术挑战在高超声速空气动力学、推进、材料和结构、新的CFD 代码等领域。该研究中心将使印度实现许多世界一流的研究成果,创造可重复使用的巡航导弹和多用途单级轨道飞行器。

5.5 马赫数和比冲量

煤油燃料冲压发动机可达到 $8Ma$ 的速度和 $1\,200\,s$ 的比冲;而氢燃料超燃冲压发动机的速度则能够轻松突破 $20Ma$,其比冲更是高达 $3\,000\,s$,详见图 5.20。

助推器的可重用性

航天飞机是第一艘可重复使用的载人飞船,能够进行卫星发射、回收和维修,并开展前沿研究,为国际空间站建设提供支持。

航天飞机由轨道器、两个固体火箭助推器和一个可消耗的外部燃料箱组成。航天飞机拥有许多可重复使用的部件,每次任务后,两侧的固体燃料助推器都会被回收并加油,而整个轨道器则可以返回地球并用于下一次发射。虽然大型液态燃料箱被一次性消耗殆尽,但这一复杂技术组合所采用的固体和液态燃料以及开创性设计的陶瓷再入隔热层,使得其可以进行多次发射。

SpaceX 的远期目标是在数分钟内将第一级返回火箭送回发射场,并在 24 h 内将第二级

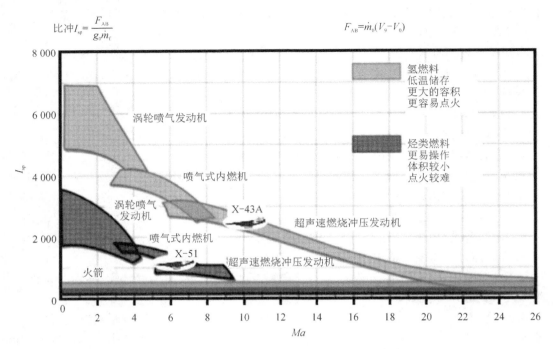

$$比冲 I_{sp} = \frac{F_{AB}}{g_0 \dot{m}_f} \qquad\qquad F_{AB} = \dot{m}_0(V_9 - V_0)$$

图 5.20　氢基超声速燃烧冲压发动机推进性能

火箭通过轨道调整后再次进入大气层并送回发射场。此外,他们还计划设计一种运载火箭,其两级都能在返回后几小时内重复使用。

SpaceX 首先实现了一级火箭的成功着陆和回收,翻新的第一级助推器进行重复飞行已成为常规操作,截至 2021 年 3 月,单个助推器已经成功完成 10 次任务。

可重复使用的发射系统技术最初应用于"猎鹰 9 号"火箭第一级。在级分离后,助推器翻转,一个助推器反向燃烧来反转其航向,另一个助推器再入燃烧控制方向到达着陆点,还有一个助推器在着陆阶段燃烧来控制最后的低空减速和着陆。

5.6　结构系统

在运载火箭中,结构系统用于保持结构完整性和所有功能系统及有效载荷的正常运行。同时,为提高火箭性能,其质量应尽可能减小。根据火箭飞行的基本原理,火箭发动机产生的推力(T)需大于运载火箭所受重力(W)才可离地升空。NASA 最新提出的理想的 SLS 火箭质量分布如下:91% 为推进剂;3% 为结构部件(例如油箱、级间适配器、金属和复合材料内部支撑框架、隔热板、发动机、鳍片等)、推进器以及电子设备等;6% 则是有效载荷,包括卫星、宇航员或宇宙飞船。

SLS 火箭的不同结构部件如图 5.21 所示。

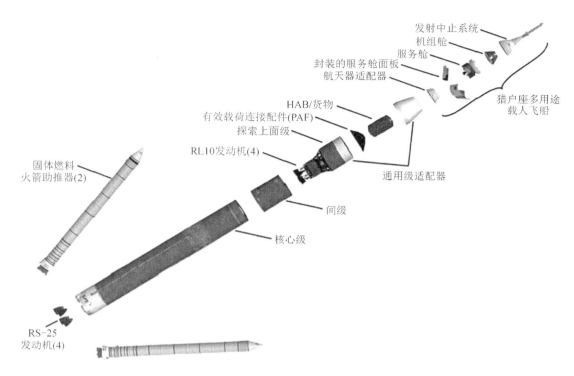

发射中止系统
机组舱
服务舱
封装的服务舱面板
航天器适配器

猎户座多用途
载人飞船

HAB/货物
有效载荷连接配件(PAF)
探索上面级
RL10发动机(4)

固体燃料
火箭助推器(2)

通用级适配器

间级

核心级

RS-25
发动机(4)

图 5.21 初始 SLS 配置的分解图

5.7 质量分数

在评估火箭设计的有效性时,火箭专家使用质量分数(MF)来表述。该分数是指将火箭推进剂的质量除以总质量所得出的比值。

MF = 推进剂质量 / 总质量

经过优化设计的理想火箭质量分数为 0.91,这个 MF 值表明了有效载荷承载能力和射程之间的良好平衡。

对于大型火箭来说,其重量问题是一个严峻的挑战。为了以合适的轨道速度进入太空,需要使用大量推进剂;因此燃料储箱、发动机以及相关部件都必须变得更加庞大。在一定程度上,较大的火箭比小型火箭飞行距离更远,但当它们过于巨大时,其结构将无法承受过大质量,质量分数也会降至不可能的数值。

如前所述,当大型火箭发动机燃料耗尽时,火箭空壳将被抛弃在后方,而剩余的火箭发动机则会继续推进。这种方法可以实现更高的飞行高度,并减轻整个系统的质量。在大型火箭中,固体助推器和外部燃料箱也会在推进剂用尽后被丢弃。

正如我们在火箭原理一章中所见,火箭的加速度取决于三个主要因素,这与火箭的加速度方程相符合。第一个因素是火箭的加速度与其排气速度 v(出口)成正比。对于常规非核热气体推进系统而言,实际可达到的出口速度极限约为 2.5×10^3 m/s。第二个因素是质量从火箭中喷出的速率($\dot{m}$)。火箭燃料燃烧得越快,推力和加速度也随之增强。第三个因素是火箭的质量 m。当其他因素相同时,质量越小,加速度就越大。在飞行过程中,火箭的质量急剧下降,这是其主要构成部分为燃料所致。因此,在燃料耗尽之前,加速度不断增大并达到最大值。

5.8 材　料

火箭结构部件均采用特殊的航天材料,以最轻质量适应其功能需求。在考虑功能和环境要求的情况下,实现更高的结构强度和刚度,并提高推进效率。因此,如图 5.22 所示,特殊材料的应用在航天领域至关重要。以下将讨论一些特殊材料,如火箭发动机外壳中使用的高强度钢、钛或复合材料。

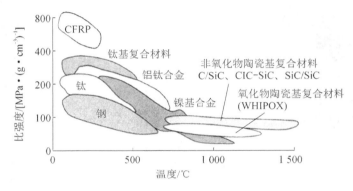

图 5.22　特殊材料的温度与比强度

PSLV 的高性能助推器(见图 5.23):为了承载更多的推进剂并在极端压力下运行,需要采用强度极高的钢材,而不能采用 SLV-3 中用的 15CDV6 钢。考虑到马氏体时效钢 M250 优秀的断裂韧性,选择其作为 PSLV 助推器材料。

(a) 固体推进剂助推器　　　(b) 典型的固体推进剂　　　(c) PSLV第一级S139综合
　　火箭发动机壳体　　　　　　喷嘴结构

图 5.23　PSLV 的高性能助推器

PSLV 在较小的火箭级上更可靠,而不是用于大型捆绑式运载火箭。MAR＋AGING 指的是 Fe－Ni 基体中马氏体转变及其随后在其他合金元素存在下的时效,根据屈服强度不同,其等级分为 200、250 和 300。这些外壳是用轧制法制造的,并按要求分 5 段焊接,使用固体推进剂进行装填制备。烧蚀衬垫和喷嘴喉部嵌件采用复合材料如碳酚醛层和硅环氧层来承受高温。

5.9　上面级

在 PSLV 的第三级中,采用了凯夫拉纤维等复合材料作为上面级结构,虽然质量溢价,但其碳复合材料套管也被广泛应用于类似场景。上面级的这些复合外壳和结构不仅显著降低了火箭发动机的质量比,而且还可用于卫星结构以减轻质量。此外,在再入结构和喷嘴喉道方面使用碳-碳、碳-碳化硅陶瓷基复合材料,可承受高达 2 000～3 000 K 的温度(见图 5.24)。

电机壳体的纤维缠绕

(a) PS-3电机壳体　　　　　(b) PS-3与PS-4的组装

图 5.24　复合材料应用场景

钛合金 Ti-6Al-4V 因其高比强度、良好的抗液体推进剂腐蚀性能和优异的断裂韧性等特性,被广泛应用于火箭发动机壳体,尤其是在 PSLV 第四级上层。此外,该材料还可用于高压气瓶。

5.10　液体推进剂级的外壳

高比强度和比模量（单位密度的弹性模量）的铝合金,如 AA2014、AA2219、AA7075 和 AA6061,适用于常温、低温环境,并具有出色的耐腐蚀性能,特别适合储存燃料和氧化剂以及低温应用,这些材料也可在级间、隔热和加压系统中使用。

而镁合金铸件 AZ92、ZE41、AZ31 和 ZK30 具有强度高和质量轻的特性,被广泛应用于运载火箭和卫星的二级结构。

钨渗铜和钼基复合材料用于双推进剂反作用控制推进器的喷嘴喉部嵌件,可以承受2 500 ℃的温度和高氧化条件。

"猎鹰 9 号"铝锂外壳(2010 年)

"猎鹰"火箭的一级助推器具有可恢复和重复使用的能力,这对于 SpaceX 提高可靠性并降低太空飞行成本来说是一个关键因素。

"猎鹰 9 号"火箭的第一级由 9 台梅林发动机组成,储罐为铝锂合金材料,装有液氧和航天煤油(RP-1)推进剂。低密度空气陶瓷 2195-T8 板用于助推器的罐筒和圆顶。铝锂片和板的组合通过搅拌摩擦焊接技术(FSW)结合,可在火箭内稳定驱动组件中应用。结构质量减轻可以增加有效载荷运力(对于近地轨道约 10 t,对于地球静止轨道约 5 t)。

5.11　控制系统

火箭的任务是按照预定弹道飞行,确保卫星入轨高度、倾角、速度等轨道参数满足任务要求。控制系统对于火箭而言是必不可少的,它可以控制火箭从偏离路径中校正回预定弹道(见图 5.25)。箭载计算机根据传感器输入生成控制指令以确保火箭稳定控制。有多种类型的控制系统可以选用。小型火箭通常只需要一个稳定控制系统,而大型火箭每一级都需要多个系统。火箭发动机不仅可以稳定火箭,还能改变其航向,对级分离和推进性能偏差引起的水平冲击也可以进行修正。

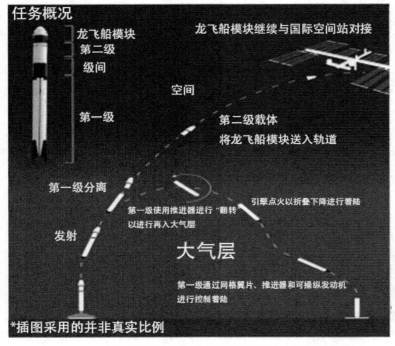

图 5.25　典型的轨迹配置文件,卫星入轨和助推器回收

火箭发射卫星和助推器回收——"猎鹰"的典型轨迹如图 5.25 所示。

控制类型

1．发动机推力控制

控制发动机的推力对于将有效载荷送入轨道至关重要。推力过大或在错误的时间施加推力，均会导致卫星进入错误轨道或远离目标，而推力过小则可能使卫星坠落回地球。

液体推进剂发动机通过改变进入燃烧室的推进剂量来控制推力。火箭制导系统中的计算机决定所需的推力并控制推进剂的流速。对于像登月这类复杂的任务，发动机必须多次启动和停止，液体发动机能够通过简单地开启或停止推进剂流入燃烧室来实现。

固体推进剂火箭的推力控制难度远高于液体火箭。一旦点燃，推进剂就会持续燃烧直至耗尽。固体推进剂的燃烧速率是事先设定好的。与推进剂长度相等的空心可以被设计成星形，起初拥有巨大表面积以供燃烧，但随着星形角点逐渐消耗殆尽，燃烧表面积也将减小。这导致在某段时间内，只有少量推进剂被消耗燃烧，从而降低了推力。

此外，一个带有液体推进剂推进器的速度调整模块被用作额外的一级来进行必要的校正。例如，所有远程固体推进剂导弹（如"烈火"、MX 等），在飞行的最后阶段均使用带有液体推进剂推进器的速度调整模块进行比例校正，以实现必要的修正。

2．稳定性和控制系统

火箭必须在飞行中保持稳定，以平稳均衡的方向飞行；否则，它将沿着不可预测的路径飞行，甚至会失控或改变航向。不稳定的火箭很危险，因为无法预测其飞行方向，甚至可能会颠倒过来，直接飞回发射台。

使火箭保持稳定需要一种控制系统。首先，了解什么因素会影响火箭的稳定性至关重要。无论大小、质量或形状如何，所有物体都有质心（CM）。在火箭飞行过程中，质心非常重要，因为不稳定的火箭往往会绕质心滚动翻转。事实上，任何飞行中的物体都有翻滚的倾向。

5.12　不同控制类型

在飞行过程中，旋转或翻滚是围绕三个轴中的一个或多个轴进行的，这些轴被称为滚转、俯仰和偏航轴。这三个轴相交的点为质心。对于火箭飞行来说，俯仰和偏航更加重要，因为沿着这两个方向的任何偏移都可能导致火箭偏离其预定弹道。滚动轴不那么重要，因为沿着该轴的运动不会影响飞行路径，并且实际上有助于稳定火箭飞行。在火箭发射时，发动机推力的变化或其他扰动可能导致俯仰和偏航等不稳定运动并使得火箭脱离预定弹道。因此需要控制系统进行稳定控制以防止此类情况的发生。图 5.26 和图 5.27 显示了不同类型的控制器。

对火箭的控制可以是被动或主动的。被动控制装置是一种固定装置，通过在火箭外部存在的固定结构布局以保持其稳定性；而主动控制则通过可移动的装置引导火箭沿着预设飞行路线前进。

根据稳定性和控制计算，火箭下端周围安装了一组不同形状和角度的轻型翼片，有时还带有可移动的翼尖，从而提高了火箭的稳定性。这些翼片采用轻质材料制成。由于翼片表面积

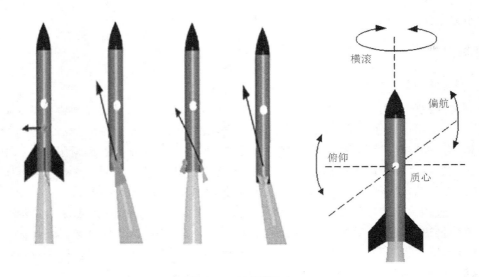

图 5.26　控制器(1)

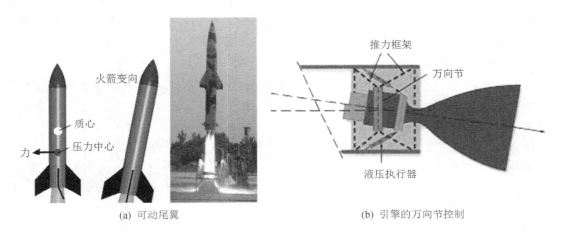

(a) 可动尾翼　　　　　　　　(b) 引擎的万向节控制

图 5.27　控制器(2)

较大,很容易保持压力中心在质量中心后面,正如我们在上一章学到的稳定性。然而,这种设计也会产生更大的阻力,并限制火箭的射程。随着 20 世纪现代火箭技术的发展,人们寻求新的方法来提高火箭稳定性并减轻总质量,答案就是主动控制技术。

主动控制系统包括喷气叶片、活动翼、鸭翼、平衡/弯曲喷管、游标火箭、二次喷射推力矢量、燃油喷射和姿态控制发动机。倾斜翼和鸭翼在外观上非常相似,它们唯一的区别是在火箭上的位置,鸭翼安装在火箭的前端,而倾斜翼在后部。在飞行中,倾斜翼和鸭翼像方向舵一样倾斜,使气流偏转,致使火箭改变航向。火箭上的运动传感器可以探测到飞行方向偏离的变化,并通过倾斜翼和鸭翼来进行修正。这两种设备在尺寸和重量上有优势,它们比大的翼片鳍更小、更轻,且产生的阻力更小。某些主动控制系统也会完全取消倾斜翼和鸭翼,通过倾斜排气的角度,在飞行中改变火箭的航向。有几种技术可以用来改变排气方向。

喷气叶片是放置在火箭发动机排气口内的小型鳍状装置。倾斜的叶片使废气偏转,进而控制火箭航向。

SLV-3 的控制:第一级采用 SITVC,鳍尖(气动)控制;第二和第三级分别采用双推进剂和单推进剂反作用控制;第四级则运用自旋稳定技术。

PSLV IV型火箭控制

另一种改变排气方向的方法是将喷嘴固定在云台上。万向节喷嘴是一种能够在废气流经时摆动的喷嘴。通过将发动机喷嘴倾斜到适当的方向,火箭就可以改变航线。另外,还有一种方法是使用游标火箭安装在大型发动机的外部,在需要时开启以产生所需的航向变化。

5.13 卫星姿态控制

在太空中,需通过火箭末级控制或主动控制,才能实现卫星入轨前的稳定飞行。姿态控制推进器(双推进剂 N_2O_4 + MMH 或单推进剂肼)是最常见的卫星主动控制方式,在卫星周围安装一簇小型发动机,通过正确组合这些小型推进器的启动,可以使卫星保持正确的轨位和姿态。图 5.28 展示了一般的闭环控制。

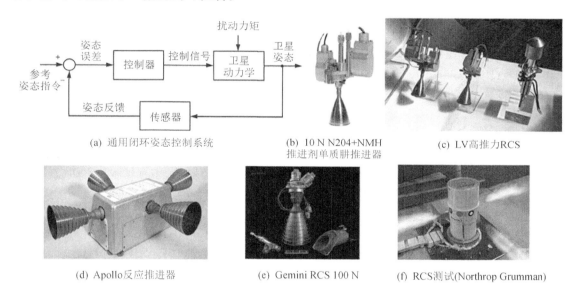

(a) 通用闭环姿态控制系统

(b) 10 N N204+NMH 推进剂单质肼推进器

(c) LV高推力RCS

(d) Apollo反应推进器

(e) Gemini RCS 100 N

(f) RCS测试(Northrop Grumman)

图 5.28 一般的闭环控制

柔性喷嘴

在所有机械偏转类型中,柔性喷管是固体火箭发动机中效率最高的。相较于其他机械类型,它们不会显著降低推力或比冲,并且具有更好的重量优势。图 5.29 所示的柔性喷嘴是固体推进剂发动机中常用的 TVC 类型。经过模压,多层轴承包作为密封、负载传递轴承的同时,还具备黏弹性弯曲的特点。它利用球形金属片之间堆叠的双弯曲弹性(橡胶)层的变形来承载载荷,并允许喷嘴轴的角度偏转。柔性密封喷嘴已广泛应用于运载火箭和大型战略导弹。

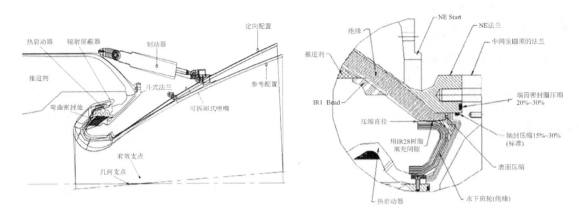

图 5.29　柔性喷嘴

在低温环境下,弹性体硬度增加,导致驱动扭矩大幅增加,需要更大的驱动系统。柔性喷嘴采用双层密封技术以防止高温气体泄漏,并使用各种绝缘材料确保结构保持在 100 ℃ 以下。该部件支撑发动机重量并传递推力。在操作过程中,最大角度运动实际上超出偏转角度以容纳各种公差和对准要求。其中一型喷嘴可最多偏转 4°（加 0.5°边际）,而另一型则额定为7.5°。它有两个电冗余机电制动器、两个位置指示电位器和一个控制器,后者为每个制动器提供功率驱动和信号控制功能。采用变频、脉宽调制（PWM）电机驱动技术,使得该部件具有小型化和轻量化的特点。

5.14　导航与制导

火箭的制导系统包括复杂多样的传感器,如陀螺仪和加速度计,还有机载计算机以及飞行软件,并与控制系统进行通信。制导是一个精密而高效的过程,它能够准确地计算出火箭位置、速度和角速率变化,并按照特定的弹道来实施必要的修正。

制导系统由输入、处理和输出三个主要组成部分构成。其中,输入部分包括传感器、航向数据、无线电和卫星连接等信息源。处理部分则由一个或多个机载计算机（OBC）集成这些数据,并确定必要的修正以保持或实现正确的航向;最后将这些信息反馈给控制系统,以控制火箭按预定弹道飞行。输出方面,则通过与推进发动机等设备相互作用来控制飞行轨迹。

5.14.1　工作原理

导航系统的输入主要使用 GPS 接收器、星跟踪器、惯性测量装置和高度计等传感器的数据。导航系统输出的导航解决方案,成为制导系统的输入,其中包括环境条件（如风、水和温度）以及火箭特性（例如质量、控制系统可用性、控制系统与矢量变化相关性）。通常情况下,制导系统会计算控制系统的指令,控制系统通过执行机构（例如推进器、反作用轮和机身襟翼）,可以操纵火箭的飞行路径和方向,从而无需直接或连续地人为干预,如图 5.30 所示。

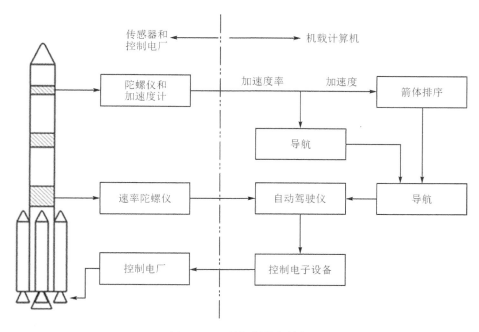

图 5.30　导航、制导和控制

5.14.2　惯性制导系统

惯性制导系统连续监测火箭的位置、速度和加速度,从而为控制弹道提供导航数据,且无需与基站通信。惯性制导系统的基本组成包括陀螺仪、加速度计和计算机。陀螺仪提供固定的参考方向或角速率测量,加速度计用于测量火箭的速度变化。计算机对方向和加速度变化信息进行处理,并将结果反馈给导航系统。

5.14.3　稳定平台系统

惯性导航系统有 2 种基本类型,分别为万向平衡平台(SINS)和捷联惯导系统(SDINS)。典型的万向平衡惯性导航系统采用 3 个陀螺仪和 3 个加速度计。这 3 个安装在万向节上的陀螺仪可建立飞行器滚转、偏航和俯仰方向参考系;同时,由加速度计测量这些方向上的速度变化。通过对从惯性制导系统接收到的数据进行 2 次单独数值积分,计算机可以得出火箭当前的速度,并进一步确定其位置信息(见图 5.31),且将信息与预定及编程信息进行比较。

在捷联惯导系统中,加速度计被严格安装在与飞行器轴线平行的位置,陀螺仪并非提供稳定平台,而是用于感知火箭角速率。通过双数值积分,结合测量的加速度和瞬时角速率,使计算机能够精确确定火箭当前的速度和位置,并引导其沿着预期轨迹前进。

在许多现代惯性导航系统中,例如商用喷气客机、火箭和轨道卫星上使用的惯性导航系统,角速率是由环形激光陀螺仪(RLG)或光纤陀螺仪(FOG)测量的。加速度计测量能力存在微小误差或者陀螺仪平衡存在微小误差,都会影响惯性导航系统的精度。因此,这些仪器必须严格遵循公差要求进行制造和维护,仔细对准,并使用独立的导航系统(如全球定位系统(GPS))定期重新初始化。传感器类型详见图 5.32,稳定性可参考图 5.33。

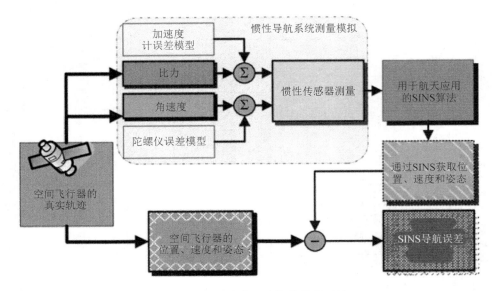

图 5.31　SINS(稳定平台惯性导航系统)

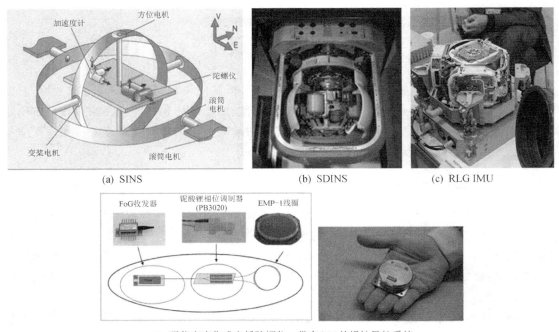

(a) SINS　　　　(b) SDINS　　　　(c) RLG IMU

(d) 现代高度集成光纤陀螺仪,带有GPS的惯性导航系统

图 5.32　传感器类型

　　在 Prithvi 导弹中,通过将误差建模软件注入常规中等精度传感器,并融合来自多个 GPS 的数据,使用自主开发的智能软件获得更高水平的目标撞击精度。所有精度值都是通过广泛应用于 5 轴运动模拟器中的硬件在环仿真(HILS)中建立起来的,该系统集成了所有传感器和 6 自由度飞行轨迹控制系统。

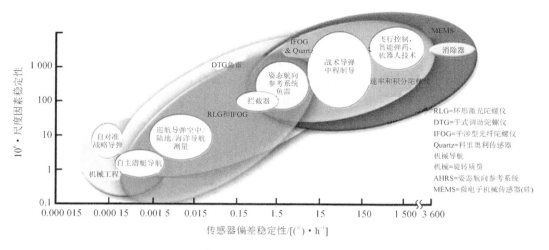

图 5.33　传感器偏差稳定性与尺度因素稳定性

5.14.4　制导传感器的精度及应用

各种类型传感器的精度和应用、偏置稳定性与比例因子稳定性间的差异如图 5.33 所示。

典型的设备舱如图 5.34 所示,位于火箭第三级之上,包括 INS、OBC、电池和配电单元、1553 总线接口箱、遥测遥控设备、传感器和控制整个任务,直到卫星以所需的速度进入预定轨道。

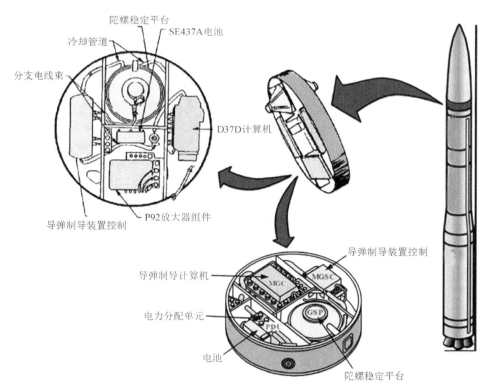

图 5.34　典型导弹/发射系统中的制导系统及其位置

第6章 火箭设计、测试和评估

6.1 运载火箭设计方法

用于将卫星送入不同轨道的火箭称为卫星运载火箭。在前面的章节中,我们研究了火箭的原理、子系统和部件。火箭的设计是高度综合的,涉及多个学科和技术。本章,我们主要研究设计方法论。

假设我们决定造一枚新火箭。火箭有不同类型的用途:用于发射卫星进入预定轨道高度运行,进行空间应用或科学实验;搭载航天器进行空间探索;载有可载人的有效载荷舱前往火星;以爆炸弹头作为有效载荷进行远程对地制导。这些火箭是针对不同目标而设计的。

首先,要确定具体目标——例如发射近地轨道卫星。其次,确定卫星质量、轨道类型、轨道倾角、预期寿命和轨道速度等任务参数。最后,通过二维弹道运算对火箭、级数和推进类型进行粗略配置。在不同的高度和载荷条件下,火箭的起飞质量、有效载荷、速度和加速度都有多种配置选项。通过不同配置的风洞测试可以提供关键的气动系数数据,而初步计算流体力学(CFD)研究则能够带来更优秀的设计方案。

一旦选定特定配置,即可展开火箭设计,详细设计推进系统、结构组成、控制技术和卫星设备,并进行空气动力学分析、精确模型测试、CFD 计算、空气弹性研究、气动条件和 6 自由度轨迹优化等研究,最终提供全面综合的性能。这些细节要经过专家的审查,即初步设计审查(PDR)。其间需考虑材料、制造方法、测试要求、质量保证计划、基础设施和成本以及开发策略等因素。火箭的开发需要合理的项目管理组织、合同、供应链管理和里程碑计划,还要充分考虑资金和预算。

在本章中,我们将以卫星运载火箭 SLV - 3 和火星星际任务作为例子介绍。

6.2 SLV - 3

以印度第一枚卫星运载火箭 SLV - 3 为例,SLV - 3 的设计目的是将 40 kg 重的罗希尼卫星送入近地轨道,最低速度要求达到 7.88 km/s。火箭从斯里赫里戈达靶场(SHAR)发射,将卫星以倾角 45°、300 km 高度位置送入轨道。

6.2.1 运载火箭设计——简化形式

典型设计流程图如图 6.1 所示。

- 明确任务需求(如卫星有效载荷、尺寸、质量、期望轨道、环境约束以及在轨运行等

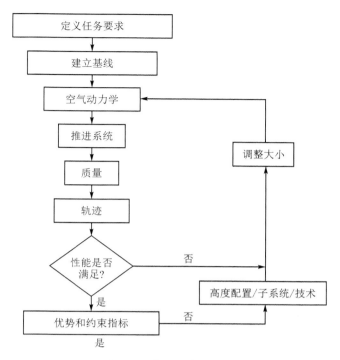

图 6.1　典型设计流程图

方面)。

- 进行飞行器路径选择(基线配置——分段、速度累积和推进模块)。
- 选择技术(如结构材料、控制系统、制导、航空电子设备)。
- 考虑二维弹道的技术选择、性能、约束条件,创建物理布局和火箭表面的几何形状,其中包含各个子系统和卫星。
- 估计飞行段空气动力学(亚声速、跨声速、超声速、高超声速)。
- 优化 6 自由度弹道和控制、结构、推进系统和由此产生的飞行环境。
- 对飞行环境的结构、控制、加热、辐射和推进进行评估和分析。
- 根据布局和飞行环境,估算飞行器的质量、尺寸和重心,并确定技术选择和设计方案。
- 根据操作场景、火箭配置和技术,对操作性能、可维护性、硬件/软件需求、可靠性以及安全性进行分析。
- 估算开发时间和成本(如:设计、开发、测试、评估)。
- 计算用于比较备选方案的性能和程序化评估的标准(指标)。
- 优化调整整个系统,以更好地满足任务需求和设计目标。
- 审查和批准任务和设计的概念。
- 详细设计——分系统、风洞测试、CFD 分析、初步设计评审(PDR)。

经过详尽的项目报告、项目批准和资金筹措,技术小组开始子系统开发,接着进行极端飞行条件的测试和评估、质量保证、配置控制以及系统审查,其中包括关键设计审查(CDR)、飞行准备审查(FRR)和任务准备审查(MRR)。

6.2.2 火箭系统

火箭主要的能源来自 4 个固体火箭发动机。需要对固体火箭发动机及其控制系统、整流罩、级分离系统、制导、机载计算机以及卫星姿态控制系统和仪器仪表进行排序,然后根据排序后的姿态参考输入到控制系统中,以获得所需的控制力来操纵飞行路径。

SLV-3 的第一级按照所需弹道性能设计,推力高达 540 kN。其他三级火箭发动机的推力等级约为 290 kN、90 kN 和 20 kN。整流罩用于保护第四级火箭发动机及卫星免受空气动力加热。

SLV-3 有 44 个主要子系统,包含 10 万个机械、电气、机电和化学工程组件、任务软件和接口。其中任何一个组件无法达到要求,都会导致整个任务的失败。

6.2.3 检 测

除了单个组件和系统外,总体设计还要考虑各级和系统之间的接口要求。从设计图纸到发射,运载火箭设计者必须构思每个组件与子系统、系统性能以及地面装置(如自动检测系统)接口相关的功能。从运载火箭设计研制到首次成功发射,共进行了 54 次不同环境条件下的火箭发动机静态试验,并对其推力时间性能进行预测验证。

6.2.4 控制系统

为了实现 SLV-3 火箭的有效控制,火箭第一级采用翼尖控制(FTC)和推力矢量控制(TVC),第二级采用双推进剂反作用控制系统(RCS),第三级采用单推进剂反应控制系统(RCS),第四级采用自旋稳定系统进行控制。数千个推进器/组件(包括设备舱)已经用各种仪表进行了评估。此外,它们还经过真实环境的性能测试,成功完成了 7 次探空火箭飞行。

6.2.5 制 导

SLV-3 采用开环制导和存储俯仰程序来引导飞行器沿着预定的轨迹飞行。任务软件装载在飞行器姿态编程器中,使用 E-80 惯性测量单元进行制导。LV 配备了大量仪器,可测量 600 个参数。

6.2.6 弹道设计

在飞行过程中,运载火箭经历了亚声速、跨声速、超声速和高超声速等多种飞行速度,最终达到所需的速度。针对上升阶段将经历的静态和动态载荷,对运载火箭结构进行了空气动力学、热学和结构设计。

6.2.7 飞行前的任务序列

飞行试验前需要执行的任务序列如图 6.2 所示。在组装和飞行测试之前,推进、机身、制导与控制、电源、电子设备和卫星要经过系统的模型测试、模拟和鉴定测试。

6.2.8 SLV-3 设计和操作软件开发

自动测试系统由计算机化地面遥测、遥控指挥、有效载荷控制和制导以及动力系统组成;

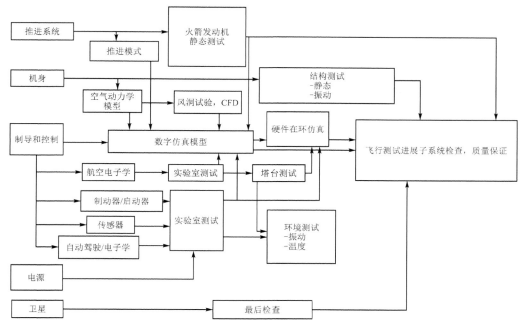

图 6.2 任务序列——从子系统到飞行

同时,还开发了自动检测软件,并将其与箭载系统进行连接,实现各子系统的功能。如图 6.3 所示,运载火箭是整个任务中不可或缺的一部分,必须与发射综合体、靶场遥测站以及其他卫星跟踪网络和安全系统集成。

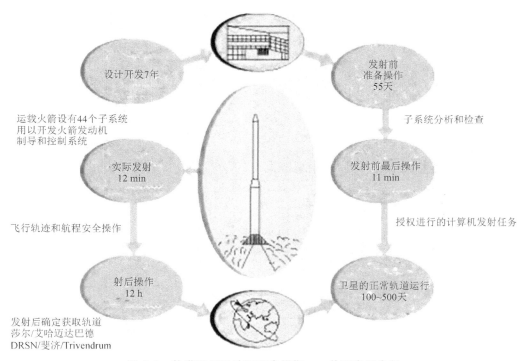

图 6.3 轨道卫星设计和开发周期——从开发到发射

经过构型设计,将气动、结构、推进、控制和制导等方面的设计联系起来。在运载火箭的设计中,除了考虑其性能外,还需考虑瞬时撞击点和飞越国家标准的发射方位角以及卫星入轨时间的发射窗口等因素,并充分考虑地面和飞行中的各种风力条件。此外,在开发阶段,为了研究运载火箭的飞行性能,需要测量 600 个参数,并利用实时遥测数据进行后续分析。仅就设计而言,在使用 IBM 360/44、PDP 11/34、IRIS - 55、EAI 682/PACE - 100 等计算系统进行计算时所用总时间约为 30 000 h。

6.3 印度空间研究组织火星任务的轨道设计

6.3.1 地心相位

2013 年 11 月 25 日,图 6.4(a)所示的航天器由 PSLVC - 25(见图 6.4(b))送入椭圆停泊轨道。随着 6 个主发动机的燃烧,航天器逐渐被控制进入一个双曲轨道,通过增加脱离地球的

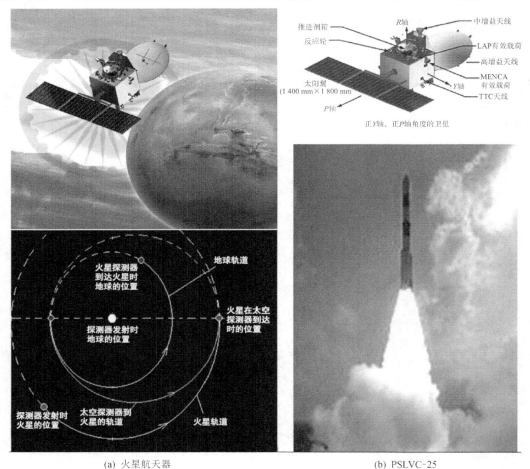

(a) 火星航天器   (b) PSLVC-25

图 6.4   火星任务轨道设计

轨道速度 V,脱离地球势能范围(SOI)。轨道飞行器在距离地球表面 918 347 km 处穿过地球 SOI,而在此之外轨道飞行器所受的摄动力源于太阳。ISRO 利用霍曼转移轨道(即最小能量转移轨道)将航天器从地球送往火星,尽可能地减少了燃料的使用。

6.3.2　日心相位

航天器的飞行轨迹大致是围绕太阳运行的椭圆轨道的一半,当地球、火星和太阳相对位置处于大约 44°夹角时,这种轨迹在特定条件下才可以实现。这个状态每隔约 780 天便会周期性地重复出现。地球-火星的最低能量时机出现在 2013 年 11 月、2016 年 1 月、2018 年 5 月等时间点。

6.3.3　火星相位

航天器沿着双曲线轨迹到达火星 SOI(距离火星表面约 573 473 km),于 2014 年 9 月 24 日到达了最接近火星的地方(Periapsis),通过减速被捕获到预定的火星轨道上。这被称为火星轨道插入(MOI)机动,详见图 6.5。

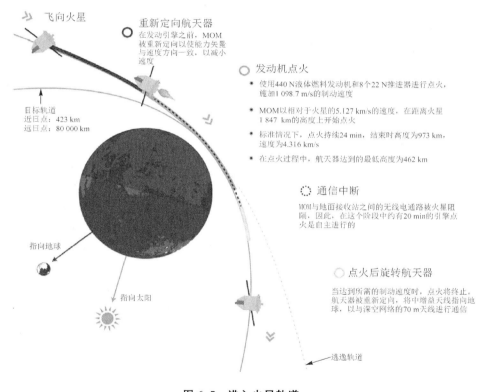

图 6.5　进入火星轨道

6.4　人类火星任务(星际旅行)

这是一次从地球到火星的星际旅行,由三名宇航员乘坐飞船旅行。就像"阿波罗 11 号"带着三名宇航员登月一样，这将非常令人兴奋。但是，此次任务更为复杂，因为我们看到"毅力号"探测器在着陆前必须通过多个关卡。考虑到距离和时间上的挑战，在另一个行星上着陆将成为航天史上最雄心勃勃的壮举。

我们有着丰富的火星任务经验，其中包括美国和中国所发射的轨道卫星以及登陆探测器。此外，印度的 MOM 轨道飞行器任务也取得了巨大成功。在成功实施火星车任务方面，美国和中国处于领先地位，Space-X 也正在展开竞争。谁将成为第一个让人类登陆火星表面的人？这一答案很快就会揭晓。该任务需要将约 150 t 的重型载荷与大体积着陆器/轨道器一起提升到近地轨道上，以为宇航员提供长期支持。

在穿越火星大气层和维持生命系统期间，推进系统、轨道设计以及环境条件的选择将显得尤为重要。虽然宇航员在国际空间站长期停留的经验可能会对此次任务有所帮助，但火星之旅并非易事。通过与不同专家进行数轮讨论和模拟，我们将确保接近成功，并最终完成对火箭设计的审查。因此，本次任务最大的挑战在于为其设计出最佳的火箭。

NASA 在 4 年前决定使用 SLS 时，经过了严格的审查，并为未来的几次任务确定了模块化配置，包括载人登月和火星任务。

这只是早期 SLS 研究中考虑的几个主要设计选择之一。其中 3 种方案最为突出：第一种是类似"土星"的大型多级火箭，采用煤油燃料而非航天飞机所使用的液氢燃料，以提供月球火箭所需动力；第二种则是利用行业的成功经验，通过组装现有小型火箭部件来制造新型火箭；第三种则是航天飞机系统进化步骤中的重要环节。无论哪种选择，都将以最少的额外资源、安全性和可持续性为基础。

6.4.1 风洞测试和 CFD

风洞是一种管状设施，用于测试运动中的空气流动和车辆模型。如果被测试对象是飞行器，则可以根据其飞行状态在不同攻角下进行试验以确保符合标准。

计算流体动力学(CFD)是一种利用计算机来计算流动的方法。随着计算能力的快速增长和高效计算方案的发展，CFD 在流体动力学领域得到了广泛应用。然而，在火箭结构周围存在复杂的分离流动，因此使用 CFD 方法定量预测结构气动力和响应通常很困难。为了解决这个问题，研究人员正在广泛探索将 CFD 应用于桥梁空气动力学领域。例如，在对某个特定型号箱梁①进行精细数值模拟分析时，我们获得了与实验结果相符合的稳态和非稳态气动系数数据。另一个例子中，我们采用较低要求的数值模型获得系数，并且也与实验结果吻合良好。虽然使用 CFD 对桥梁风响应进行最终估计可能仍有挑战性，但是已经可以将其作为抗风设计第一阶段所需信息之一。风洞测试有 6 个分量，包括压强、压力以及可视化测量等；而通过比较 CFD 结果和 WT 试验结果可以看出，二者吻合度很高。

6.4.2 最终之选，月球和火星的太空发射系统(SLS)

美国宇航局的太空发射系统是一种重型运载火箭，具有前所未有的动力和能力，专为执行该任务而设计。任务包括将人类送上月球和火星，以及将空间机器人送上月球、火星、土星和木星。第一个任务将是"阿尔忒弥斯 1 号"。

---

① 箱梁：桥梁工程中梁的一种，内部为空心状，上部两侧有翼缘，类似箱子，因而得名。其分单箱、多箱等。

每个 SLS 配置均采用 4 台 RS－25 发动机的核心级。第一个 SLS 火箭被称为 Block 1,可将超过 27 t 的货物送往月球以外的轨道。它由 2 个 5 段固体火箭助推器和 4 台 RS－25 液体推进剂发动机提供动力。在进入太空后,临时低温推进级(ICPS)将"猎户座"送往月球。前三次阿尔忒弥斯任务将使用带有 ICPS 的 Block 1。

Block 1B 载人飞船将运用全新的、更强大的探索上级(EUS),以实现更加宏大的任务。该火箭可以在一次发射中携带猎户座载人飞船以及用于支持在月球上持续停留所需的探索系统的大型货物。此外,Block 1B 载人飞船还能向外太空发射 38 t 有效载荷,包括猎户座和其机组成员。

下一个 SLS Block 2 具备 950 万 lb(1 lb＝0.45 kg)推力,并将成为向月球、火星和其他深空探测目的地运送货物的主力运载工具。SLS Block 2 被设计用于将超过 46 t 的航天器送入深空。

6.5　范艾伦辐射带

范艾伦辐射带是一个充满高能带电粒子的区域,其中大部分源自太阳风,被行星的磁层所捕获并保持在行星周围,还有一些来自宇宙射线。地球上存在两条主要的辐射带,以发现者詹姆斯·范·艾伦之名命名。这两个主要辐射带从距离地表 640～58 000 km 的高度延伸,在该区域内,由于粒子不同而导致辐射水平也不同。通过捕获太阳风并使那些高能粒子偏转,磁场保护了大气层免受破坏。

辐射带位于地球磁场的内部区域,可捕获高能电子和质子。而其他原子核,如 α 粒子,则不那么普遍。这种辐射带会对卫星构成威胁,如果卫星在该区域附近停留很长时间,就必须对其敏感部件进行足够的屏蔽保护。所以,需要对卫星进行抗辐射加固。

6.6　全球发射场

发射场的位置对于运载火箭将卫星送入特定轨道的能力有着重要影响,这主要是因为需要考虑射程安全、涉及国际法规的陆地上空飞行问题以及距离赤道的纬度(为了校正地球轨道倾角,卫星需要额外的燃料)。

理想的发射地点位于赤道上,正东方向适用于发射 GEO 任务,正南或正北方向适用于发射极地任务,可实现卫星质量节省和更低的每 kg 成本。法属圭亚那的库鲁发射场是所有发射场中最好的。然而,在印度斯里赫里戈达进行发射会受到射程安全限制,导致有效载荷质量损失。从 SHAR 进行发射极地轨道任务需要进行"狗腿"机动以避免飞越斯里兰卡,这样会降低火箭性能。对于朝向正东方向的地球同步轨道任务,则需要飞越马来西亚。俄罗斯通信卫星采用倾斜轨道,不能保证 24 h 服务,因此需要更多卫星,并相应改变运载火箭设计。下面的图展示了世界各地发射场位置,包括印度(见图 6.6)、日本(见图 6.7)、俄罗斯(见图 6.8)、欧洲(见图 6.9)、美国(见图 6.10)和中国(见图 6.11)。

图 6.6　印度发射场

图 6.7　日本发射场

图 6.8 俄罗斯发射场

图 6.9 欧洲太空港(CSG -库鲁,法属圭亚那)是地球同步轨道和极地发射任务的理想的、最高效的发射场

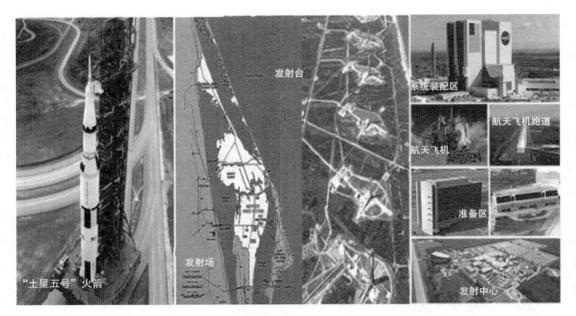

图 6.10　美国佛罗里达州的肯尼迪航天中心

火箭装配塔和发射台

文昌发射场

西昌发射场

地面控制中心

发　射

图 6.11　中国的航天发射中心

第7章 卫星、轨道和任务

7.1 卫 星

地球是一颗天然卫星,它围绕太阳运行。同样,月球也是一颗卫星,它围绕地球运行。通常,"卫星"一词指的是被发射到太空中并围绕地球或太空中的其他天体移动的物体。

7.2 人造卫星1号和太空时代的开始

1957 年 10 月 4 日,苏联成功发射人造卫星"斯普特尼克 1 号"(见图 7.1(a))。世界上第一颗人造卫星大约有一个球那么大(直径 58 cm),重 83.6 kg。它在 577 km 的高度以 8 km/s 的速度绕地球轨道运行,周期大约 98 min,总共绕地球飞行了 1 440 圈。

今天,许多国家发射了成千上万颗人造卫星绕地球运行。有些卫星主要用于通信,例如向世界各地传送电视和电话信号。一组卫星组成了全球定位系统(GPS)。一些卫星拍摄地球照片,帮助气象学家预测天气、跟踪飓风;有些则拍摄其他行星或遥远星系的照片,帮助科学家们更好地了解太阳系和宇宙。NASA 的典型卫星如图 7.1(b)所示。

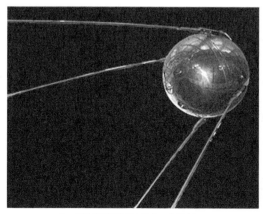

(a) "斯普特尼克1号"(1957年)　　　　　　(b) 目前在轨道上的NASA卫星

图 7.1 人造卫星(图片来源:https://serc. carleton. edu/)

7.3　卫星的重要性

卫星能够覆盖地球广阔的区域,这种能力意味着卫星可以比地面仪器更快地收集更多数据。此外,卫星还可以比地面望远镜更好地观察太空,这是因为卫星在云层、尘埃和大气分子上方飞行,这些云层、尘埃和分子会挡住地面观察的视线。

在卫星出现之前,电视信号的传播范围十分有限。由于其只能沿直线传播,因此很快就会消失在太空中而非顺着地球曲线延伸传播;高山或高楼有时也会阻挡它们的传播。打长途电话也是个问题,远距离或水下电话线的架设难度大且成本高昂。通过卫星技术,电视信号和电话信号可以向上发送到卫星上,然后,卫星几乎可以立即将它们送回地球上的不同位置。

卫星有多种形状和大小,但大多数都至少有两个共同的部分——天线和电源。天线用于向地球发送和接收信息,而电源可以由太阳能电池板或者普通电池来充当。太阳能电池板通过将光能转化为电能来发电。

许多地球观测卫星携带着照相机和科学传感器,有时这些仪器指向地球收集关于陆地、大气和水的信息,其他时候也可以面向宇宙深处获取太阳系和宇宙的数据。

7.4　轨　道

我们对轨道的认识可以追溯到 17 世纪的约翰内斯·开普勒所提出的理论。一般来说,轨道是指空间中一个物体绕另一个物体运行的弯曲路径。轨道上运行的物体叫作卫星,卫星可以是自然的,如地球或月球;也可以是人造的,如围绕地球运行的通信卫星。当航天器接近大质量物体时,该物体的重力将使力不平衡,并使航天器的路径轨迹弯曲。

卫星的前进运动和地球引力共同作用,使得其路径弯曲并最终形成轨道。当卫星被火箭发射到与预定轨道相切的轨道上时,就会发生这种情况。由于引力作用,卫星的路径变成一条弧线。这条弧线是卫星向内下落和向前运动的结合。当这两种运动满足一定条件时,卫星所绕天体形状与其轨道形状匹配,从而形成圆形轨道。

显然,控制速度对于维持航天器在圆形轨道上运行至关重要。除非存在其他不平衡的力量,例如与轨道上气体分子的摩擦或火箭发动机反向点火等情况导致航天器减速,否则它将永远围绕地球旋转。卫星完成一次完整轨道运行所需时间称为周期。例如,地球公转周期为1 年。倾角是指轨道平面与地球赤道的夹角。

7.4.1　卫星轨道速度

使卫星保持在圆形轨道上所需的向心力是

$$F = \frac{mv_{\circ}^2}{r} = \frac{mv_{\circ}^2}{R+h}$$

地球和卫星之间的引力是

$$F = \frac{GMm}{r^2} = \frac{GMm}{(R+h)^2}$$

对于稳定轨道运动,

$$\frac{mv_o^2}{R+h} = \frac{GMm}{(R+h)^2}$$

$$v_o = \sqrt{\frac{GM}{R+h}}$$

如果卫星在几百 km(比如 200 km)的高度,则 $R+h$ 可以用 R 代替。

轨道速度示意图如图 7.2 所示。

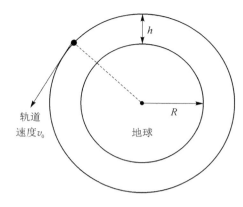

图 7.2   轨道速度

7.4.2   最小轨道——第一宇宙速度

如果轨道离地球很近,h 与 R 相比可以忽略不计,则

$$v = \sqrt{\frac{GM}{R}} = \sqrt{Rg}$$

这个轨道叫作最小轨道。与最小轨道相对应的速度称为第一宇宙速度。卫星轨道受力分析示意图如图 7.3 所示。

$$v = \sqrt{Rg} = \sqrt{9.8 \times 6.4 \times 10^6} \text{ m/s} = 7.92 \times 10^3 \text{ m/s}$$

$$v = \sqrt{\frac{GM}{r}} = \sqrt{\frac{(6.67 \times 10^{-11} \text{ Nm}^2/\text{kg}^2)(5.98 \times 10^{24} \text{ kg})}{6.78 \times 10^6 \text{ m}}} = 7.67 \times 10^3 \text{ m/s}$$

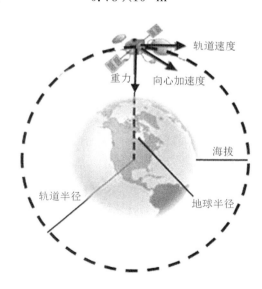

图 7.3   卫星轨道受力分析示意图

7.5 典型卫星轨道

7.5.1 低轨道(LEO)

典型的低轨道为圆形,距离地球表面为 400~900 km。相应地,其周期(绕地球旋转的时间)很短,约为 90 min。由于这些卫星高度较低,只有在卫星经过头顶时才能从卫星下方的一小块区域(约 1 000 km 半径)内看到。此外,近地轨道上的卫星相对于地面位置变化很快。因此,即使是本地应用,如果任务需要不间断连接,也需要大量的卫星。低轨道卫星通常是一组协同工作的卫星的一部分,也被称为卫星星座。近地轨道卫星发射到轨道上比地球静止卫星便宜,而且由于靠近地面,不需要高信号强度。

7.5.2 中轨道(MEO)

MEO 是低轨道以上和地球静止轨道以下环绕地球的空间区域。在该区域内,卫星最常用于导航,例如 GPS(位于 20 200 km 高度)、GLONASS(位于 19 100 km 高度)和伽利略星座(位于 23 222 km 高度)。

覆盖北极和南极的通信卫星也被置于 MEO 轨道之中。MEO 卫星的轨道周期为 2~24 h。Telstar 是最早且最著名的实验卫星之一,它在 MEO 轨道上运行。导航卫星作为 MEO 中的一个星座,可同时覆盖全球大部分地区。

7.5.3 极地轨道

极地轨道是指卫星在南北两极之间绕地球运行的轨道,轨道高度为 500~800 km,它与赤道的夹角接近 90°。当地球在下面旋转时,这些卫星可以扫描整个地球,一次一个条带;由于地球自转,每个轨道上的经度不同。极地轨道通常用于地球制图、地球观测、从一个点捕捉地球随时间变化的情况,以及侦察卫星和一些气象卫星。极地轨道卫星通常选择太阳同步轨道,这意味着每次连续的轨道经过都发生在一天中的同一当地时间。这对于遥感大气温度等应用尤其重要,在这些应用中,最重要的可能是看到随时间的变化。轨道周期通常为 90~100 min。

7.5.4 静止轨道

在地球上的观测者看来,地球静止轨道(阿瑟克拉克轨道)上的卫星处于固定位置。每天,地球同步卫星以匀速绕赤道旋转一周。由于指向该卫星的地面天线可以有效工作且无需昂贵设备跟踪卫星运动,因此地球静止轨道对通信应用非常有利。

地球静止轨道,也称为地球同步赤道轨道(GEO),是一种圆形的轨道,其高度为 35 786 km(相对于地球中心半径 42 164 km),位于地球赤道上方。地球同步卫星沿赤道自西向东运行,其速度和方向与地球自转相一致。从地球视角观察,该卫星始终位于同一位置上方,呈静止状态。

运载火箭将卫星送入高椭圆轨道,即地球静止转移轨道(GTO),然后给予远地点一个速度增量,使卫星进入倾角为零、位于赤道上空的 GEO 圆形轨道。

在轨道力学中,霍曼转移轨道(见图 7.4)是一种椭圆轨道,用于在同一平面上围绕一个中心物体的两个半径不同的圆形轨道之间进行转移。为了尽可能地减少推进剂的消耗,在这些轨道之间转移通常采用霍曼转移方法。然而,在某些情况下,双椭圆转移可以使用更少的推进剂。执行霍曼转移所需的机动包括两个发动机脉冲:第一个将航天器置于转移轨道上,第二个则使其离开该轨道。这个动作以德国科学家沃尔特·霍曼(Walter Hohmann)的名字命名,他在 1925 年出版的《天体的可达性》(*Die Erreichbarkeit der Himmelskörper*)一书中对其进行了描述。霍曼转移轨道(标记为 2)是从轨道 1 到更高的轨道 3。

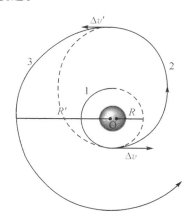

图 7.4　霍曼转移轨道示意图

不同天体(行星、卫星等)之间的椭圆轨道通常被称为霍曼转移轨道。当用于在天体之间旅行时,霍曼转移要求起点和终点在各自轨道上的相对特定位置。使用霍曼转移的太空任务必须等待所需对齐发生,这时便进入了发射窗口。例如,对于地球和火星之间的太空任务,这些发射窗口每 26 个月出现一次。霍曼转移轨道还确定了在起点和终点之间运行所需的固定时间,而在地球—火星之旅中,这需要大约 9 个月的时间。当转移介于具有显著引力天体轨道时,使用奥伯斯效应进行燃烧可减少所需速度变化量。

以上情况常见,但考虑到实际发动机推力限制和两个星球重力井的利用,低能量传输更为经济。

不同高度卫星轨道速度参数如表 7.1 所列,一些国家首次在近地轨道上发射的卫星如表 7.2 所列。

表 7.1　不同高度卫星轨道速度参数

轨　　道	半长轴/km	轨道高度/km	速　　度	轨道周期	轨道能量/(MJ·kg⁻¹)
地表自转(不是轨道,为了比较)	6 378	0	465.1 m/s (1 674 km/h)	23 h 56 min 4.09 s	−62.6
在地球表面(赤道)上理论绕轨道运行	6 378	0	7.9 km/s(28 440 km/h)	1 h 24 min 18 s	−31.2
近地轨道	6 600~8 400	200~2 000	• 圆轨道:6.9~7.8 km/s(24 840~28 080 km/h) • 椭圆轨道:6.5~8.2 km/s	1 h 29 min~2 h 8 min	−29.8
中地轨道	6 900~46 300	500~39 900	1.5~10.0 km/s(5 400~36 000 km/h)	11 h 58 min	−4.7
地球同步轨道	42 000	35 786	3.1 km/s(11 600 km/h)	23 h 56 min 4.09 s	−4.6
月球轨道	363 000~406 000	357 000~399 000	0.97~1.08 km/s(3 492~3 888 km/h)	27.27 d	−0.5

表 7.2 一些国家首次在近地轨道上发射的卫星

序 号	国 家	首次发射时间	火箭名称	卫星名称
1	苏联	1957 年 10 月 4 日	Sputnik	Sputnik 1
2	美国	1958 年 2 月 1 日	Juno I	Explorer 1
3	法国	1965 年 11 月 26 日	Diamant – A	Astérix
4	日本	1970 年 2 月 11 日	Lambda – 4S	Ohsumi
5	中国	1970 年 4 月 24 日	长征 1 号	东方红 1 号
6	英国	1971 年 10 月 28 日	Black Arrow	Prospero
7	印度	1980 年 7 月 18 日	SLV – 3	Rohini D1
8	以色列	1988 年 9 月 19 日	Shavit	Ofeq 1
9	伊朗	2009 年 2 月 2 日	Safir – 1	Omid
10	朝鲜	2012 年 12 月 12 日	Unha – 3	Kwangmyŏngsŏng – 3 Unit 2
11	韩国	2013 年 1 月 30 日	Naro – 1	STSAT – 2C
12	新西兰	2018 年 11 月 12 日	Electron	CubeSat

7.5.5 入轨和逃逸地球的速度要求

逃逸速度是物体动能和重力势能之和等于零时的速度。对于任何一个物体,其逃逸速度既不在表面上,也不在封闭轨道上(无论半径大小)。地球表面的逃逸速度约为 11 186 m/s。

对于球对称的大质量物体,如恒星或行星,在给定距离上所需达到的逃逸速度可以通过下式计算得出:

$$\frac{1}{2}mv_e^2 = \frac{GMm}{R}$$

式中 G——万有引力常量($G = 6.67 \times 10^{-11}$ N·kg^{-2}m^2);

M——逃逸物体的质量;

R——物体质心到地心的距离。

$$v_e = \sqrt{\frac{2GM}{R}} = \sqrt{\frac{2 \times 6.67 \times 10^{-11} \times 6 \times 10^{24}}{6\ 378 \times 10^3}} \ \text{km/s} = 11.2 \ \text{km/s}$$

7.6 在轨卫星

自"斯普特尼克 1 号"发射以来,全球 40 多个国家已经成功将约 8 900 颗卫星送上轨道。根据 2018 年的数据估计,目前仍有 5 000 颗卫星在运行中。其中,约 1 900 颗正在使用中,其余的已超过寿命,成为太空碎片。近地轨道上运行的卫星占 63%,中地轨道和地球静止轨道分别占 6% 和 29%,剩下 2% 则处于各种椭圆轨道上。美国是拥有卫星最多的国家,共计 1 897 颗;中国排名第二,拥有 412 颗;俄罗斯位列第三,共 176 颗。

包括国际空间站在内的若干大型空间站已经可以将部件发射升空,并在轨道上进行组装。此外,10 多个深空探测器已被送入环绕其他天体的轨道,成为月球、水星、金星、火星、木星和土星等行星以及几颗小行星、1 颗彗星和太阳的人造卫星。

7.7　任务规划

一个卫星任务涉及使用合适的运载火箭进行发射,利用指挥、控制、通信和计算机中心在发射场进行任务管理,以及利用接收到的数据执行与任务控制中心相连的空间段轨道修正计划等。

运载火箭是将卫星送入轨道的工具,通常从陆地上的发射台发射;有些则从潜艇、移动海上平台或飞机上发射。

ISRO 的典型通信卫星轨道如图 7.5 所示,图中给出了发射过程中的事件顺序,包括运载火箭、卫星、任务控制、靶场操作、实时数据管理等的准备。

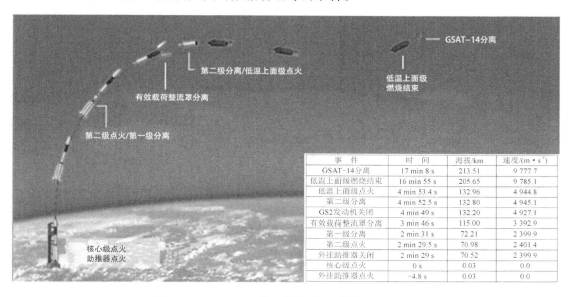

事件	时间	海拔/km	速度/(m·s⁻¹)
GSAT-14分离	17 min 8 s	213.51	9 777.7
低温上面级燃烧结束	16 min 55 s	205.65	9 785.1
低温上面级点火	4 min 53.4 s	132.96	4 944.8
第二级分离	4 min 52.5 s	132.80	4 945.1
GS2发动机关闭	4 min 49 s	132.20	4 927.1
有效载荷整流罩分离	3 min 46 s	115.00	3 392.9
第一级分离	2 min 31 s	72.21	2 399.9
第二级点火	2 min 29.5 s	70.98	2 401.4
外挂助推器关闭	2 min 29 s	70.52	2 399.9
核心级点火	0 s	0.03	0.0
外挂助推器点火	-4.8 s	0.03	0.0

图 7.5　GSLV - D5 的飞行轨迹(图片来源:ISRO)

7.8　卫星应用

空间技术的最主要优点之一是其能够改变普通人的生活。由于其覆盖范围广泛和潜在的效益,全球各地的人都能从空间应用中受益。过去几十年里,卫星通信、遥感技术和导航服务,为教育、医疗保健、气象、土地和水资源管理、减轻自然灾害影响、路线图和定位等方面提供了服务。

2020 年 4 月,在环绕地球运行的 2 666 颗卫星中,1 007 颗用于通信服务。此外,446 颗用于对地观测,97 颗用于导航/GPS。

地球轨道上一半以上的卫星是商业卫星,其中约 61% 提供通信服务,包括卫星电视、物联网(IoT)连接到全球互联网的一切服务。

地球轨道上的通信卫星是我们基础设施的重要组成部分,帮助我们完成日常任务。

这些卫星由运载火箭送入地球转移轨道,随后由卫星本身提供必要的速度增量机动到地球静止轨道。这些卫星应用领域包括通信、广播、天气预报、灾害预警和军事需求。这些通信卫星为国家发展提供了宝贵的支持。图 7.6 展示了 INSAT 通信卫星的典型应用。

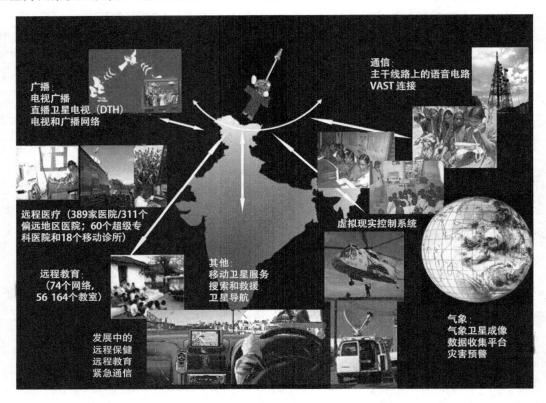

图 7.6　通过空间技术实现的电子连接

7.9　地球观测卫星

地球观测卫星被广泛应用于环境监测、气象、测绘以及其他领域,例如精准农业、森林覆盖率评估、水文地质勘探和荒漠化治理等。此外,它还可以用于极地冰盖变化监测、天气预报和渔业资源管理等方面,并且在边界安全和军事侦察中也有着重要的作用。典型的应用场景如图 7.7 所示。

自 1988 年 IRS-1A 开始,ISRO 已经发射了许多可运行的遥感卫星,目前在太阳同步轨道上运行的卫星有 12 颗,分别是 RESOURCESAT-1、2、2A,CARTOSAT-1、2、2A、2B,RISAT-1、2,OCEANSAT-2、SARAL 和 SCATSAT-1;地球同步轨道上运行的卫星有 4 颗,分别是 INSAT-3d、Kalpana、INSAT 3A、INSAT-3DR。这些卫星搭载了各种仪器,以不同的空间、光谱和时间分辨率提供必要的数据,以满足国内和全球使用者的多样化需求。这些卫

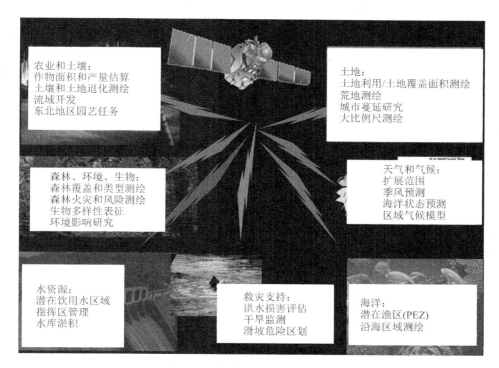

图 7.7　地球观测卫星应用场景

星所产生的数据可应用于农业、水资源管理、城市规划、乡村发展、矿产勘探、环境保护、林业管理及海洋资源开发等领域。生成的数据被处理和存储为数据库，并通过 ISRO 组织的国家级资源管理系统向数百万印度人提供服务。此外，遥感数据正由许多国家的用户共享，在世界各地设有多个地面站。遥感卫星数据可以量化和提供多个领域的宏观信息。

7.10　导航卫星

导航卫星利用卫星提供自主的地理空间定位。它允许小型电子接收器利用卫星沿瞄准线发射的无线电时间信号来确定它们的位置（经度、纬度和高度/海拔），且定位精度很高（几 cm 到几 m）。卫星导航系统独立于任何电话或互联网接收而运行，尽管这些技术可以增强所产生的定位信息的有用性。

具有全球覆盖的卫星导航系统被称为全球卫星导航系统（GNSS）。截至 2020 年 9 月，美国的全球定位系统（GPS）、俄罗斯的全球卫星导航系统（GLONASS）、中国的北斗卫星导航系统（BDS）和欧盟的伽利略系统已经完整地投入使用。日本准天顶卫星系统（QZSS）是一种基于 GPS 卫星的增强系统，用于提高 GPS 的精度，计划在 2023 年独立运行。印度区域卫星导航系统（IRNSS）计划在未来几年扩展到全球版本。每个系统的全球覆盖通常由 18～30 颗中地轨道（MEO）卫星组成的卫星星座来实现。不同的系统，卫星可能有所不同，但它们都使用倾角大于 50°和周期约为 12 h（海拔约 20 000 km）的轨道（见图 7.8）。

导航系统	国家及地区	运营商	类 型	覆盖范围
全球定位系统(GPS)	美国	空军太空司令部	军事，民用	全球
格洛纳斯	俄罗斯	俄罗斯航天防御部队	军事	全球
北斗导航卫星系统	中国	中国国家航天局	军事，商业	全球运营(区域性)
印度区域导航卫星系统(2016年投入运营)	印度	印度空间研究组织	军事，民用	区域
伽利略系统(正在开发中)	欧盟	GSA、ESA	民用，商业	全球
准天顶卫星系统(正在开发中)	日本	日本宇航探索局	民用	区域

图 7.8　世界各地的导航系统

印度区域导航卫星系统(IRNSS)

NavIC 或 NAVigation with Indian Constellation 是印度空间研究组织(ISRO)开发的一种自治区域卫星导航系统，如图 7.9 所示。印度政府于 2006 年 5 月批准了这个由 7 颗导航卫星组成的项目，其中 3 颗卫星被置于地球静止轨道(GEO)，其余 4 颗则放置在地球同步轨道(GSO)，以获得更广泛的信号覆盖并利用更少数量的卫星来绘制该区域。它旨在为整个印度及周边约 1 500 km 范围提供高达 7.6 m 以内的全天候绝对位置精度。扩展服务区位于主要

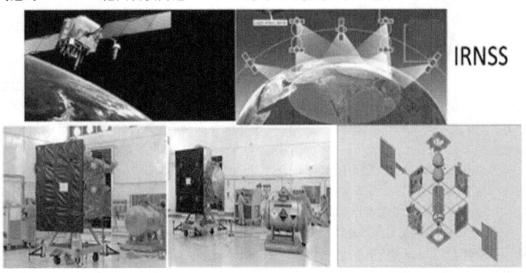

图 7.9　IRNSS(ISRO)任务、零部件和组装(图片来源：ISRO 出版物)

服务区与南纬 30°至北纬 50°、东经 30°至东经 130°所包围的矩形区域之间,超出边界 1 500~6 000 km。

2018 年 NavIC 星座成功进入轨道。"标准定位服务"向民用用户开放,而"受限服务"(加密服务)则专为授权用户(包括军方)提供。后续计划将 NavIC 系统的星座规模从 7 个增加到 11 个。

7.11　小卫星

小卫星是一种质量和尺寸较小的卫星,通常质量不超过 500 kg。虽然所有这类卫星都可以称为"小型"卫星,但根据其质量的区别,还会进一步对它们进行分类。随着电子系统的大规模微型化和 COTS 技术的应用,卫星可以建造得更小且成本大幅降低。发射的相关成本也更低,而发射周期短但运载能力较低的运载火箭将被广泛应用于在轨道上发射多颗小型卫星。对于同样的需求,小型卫星尤其是数量众多的小型卫星可能比数量较少的大型卫星更具实用性,例如在科学数据收集和无线电中继方面。大型卫星如果被反卫星摧毁或在轨失效,将造成巨大损失和关键时刻的不可用性。当星座中的一颗小卫星失效时,其运行需求不会受到影响,成本损失可以最小化。小型化的卫星使得设计更加经济实用、标准化,并且便于大规模生产,例如立方体卫星。多颗具有远地点发动机重启能力的小卫星可以被发射进入不同的轨道,并可以被运载火箭的最后一级"搭载"。

发展小型卫星的另一个主要动因是其有机会执行大型卫星难以完成的任务,例如:
- 用于低数据速率通信的星座;
- 使用编队从多个点采集数据;
- 对大型卫星进行在轨检查;
- 与大学相关的研究;
- 在将新硬件用于更昂贵的航天器之前对其进行测试或鉴定。

空间环境危害

太空环境十分恶劣,卫星不仅会受到辐射以及太阳耀斑、带电粒子和高能质子的影响,还要承受宇宙射线的侵袭,这些都会影响卫星的性能和寿命。为此,需对关键部件和组件进行抗辐射加固,并进行严格测试。

7.12　私人空间运营商

7.12.1　SpaceX

SpaceX 太空探索技术公司是一家美国航空航天制造、太空运输服务和通信公司,总部位于加利福尼亚州霍桑。SpaceX 由埃隆·马斯克(Elon Musk)于 2002 年创立,其目标是通过降低太空运输成本实现火星殖民,并在国际空间站发射任务中扮演颠覆性提供商的角色,为

NASA 节省了数百万美元。

它也是全球最大的商业卫星运营商。SpaceX 公司的成就包括：首枚私人资助的液体推进剂火箭进入轨道(2008 年的"猎鹰 1 号")，第一家成功发射、绕轨道运行和回收航天器的私人公司(2010 年的"龙飞船号")，第一家向国际空间站发射航天器的私人公司(2012 年的"龙号")，第一次垂直起飞和垂直推进着陆轨道火箭(2015 年的"猎鹰 9 号")，第一次重复使用轨道火箭(2017 年的"猎鹰 9 号")，也是第一家将宇航员送入轨道和国际空间站的私营公司(SpaceX Crew Dragon Demo - 2,2020 年)。SpaceX 公司已经发射和再发射"猎鹰 9 号"系列火箭超过 100 次。

7.12.2　星链计划

该卫星互联网星座由 SpaceX 公司运营，为地球上大部分地区提供卫星互联网接入覆盖。到 2021 年，该星座已拥有 1 700 多颗卫星，并最终将由成千上万的近地轨道(LEO)小型卫星组成，与指定的地面收发器通信。虽然技术能力覆盖了全球，但实际服务仅限于授权 SpaceX 在特定管辖范围内提供服务的国家。截至 2022 年 1 月，测试版互联网服务已在 25 个国家提供。

7.12.3　星舰飞船

SpaceX 正在研发一个名为"星舰飞船"(Starship)的超重型星际航天发射系统，该项目由私人投资，并完全可重复使用。未来，星舰飞船将取代现有的"猎鹰 9 号"、"猎鹰重型"和"龙"系列，成为 SpaceX 的主要轨道飞行器。星舰飞船将完全可重复使用，并将在首次亮相时拥有所有火箭中最高的运载能力。

截至 2020 年 4 月，SpaceX 已经运营了全球 22% 的卫星，在 2020 年 8 月至 9 月期间仅一个月内就成功发射了 175 颗卫星。Planet Lab 公司拥有 246 颗卫星(占比 15%)，Spire Global 拥有 89 颗卫星(占比 5%)，Iridium 拥有 78 颗卫星(占比 5%)，One Web 拥有 74 颗卫星(占比 4%)并制造了 51% 的商业卫星。

7.13　蓝色起源

蓝色起源有限责任公司是一家美国私人投资的航空航天制造商和亚轨道航天服务公司，总部位于华盛顿州肯特。该公司由亚马逊创始人兼执行董事长杰夫·贝佐斯于 2000 年创立，现由首席执行官鲍勃·史密斯领导，旨在通过可重复使用的运载火箭降低进入太空的成本并提高可靠性。

蓝色起源正在研发各种技术，其中重点是垂直起降火箭动力飞行器(VTVL)，以进入亚轨道和轨道空间。该公司最初专注于亚轨道飞行，在德克萨斯州的设施中设计、建造和试飞了多个新谢泼德飞行器的测试平台。2015 年 4 月，以首位进入太空的美国人艾伦·谢泼德(Alan Shepard)命名的新谢泼德(New Shepard)开始试飞，飞行测试仍在进行中。蓝色起源多次为首批乘客重新安排了原定的 2018 年太空飞行日期,并最终在 2021 年 7 月 20 日成功执行了首次载人飞行任务。

世界范围内仍有更多机遇等待着我们,许多人以初创企业的身份踏入其中,而一些幸运儿已经成功了。随着航天工业的不断发展,包括印度在内的许多国家政府持有的航天事业正向利用私营企业的方向发展。

其他类型的卫星

生物卫星是专门用于携带生物体进行科学实验的卫星。

杀手卫星则设计用于摧毁敌方弹头、卫星及其他太空资产的武器系统。

载人飞船(宇宙飞船)是一种能够将宇航员送入(或超越)轨道并安全返回地球的大型卫星(美国阿波罗计划的登月舱是个例外,因为它没有能力将人类居住者送回地球)。航天器包括可重复使用系统的航天飞机都有的推进或着陆设施,可作为往返轨道站的运输工具。

侦察卫星是用于军事或情报搜集的地球观测或通信卫星。由于运营这些卫星的政府通常对有关其侦察卫星的信息保密,因此人们对这些卫星的全部功能知之甚少。

回收卫星是指将军用、生物、航天产品和其他有效载荷从轨道回收到地球的卫星。

天基太阳能卫星是一种从太阳光中收集能量并将其传输到地球或其他地方的卫星。

空间站是为人类在太空中生活而设计的人造轨道结构,空间站与其他载人航天器的区别在于它缺乏主要的推进装置或着陆设施。空间站是为在轨道上的中期生活而设计的,可以持续几周、几个月,甚至几年。

系绳卫星是通过一种叫作系绳的细电缆与另一颗卫星连接的卫星。

气象卫星主要用于监测地球的天气和气候。

登陆月球和火星的探测器(见图 7.10～图 7.13)。

图 7.10　月球上第一艘着陆的探测器"月球 9 号"的复制品
(着陆日期:1966 年 2 月 3 日,格林尼治标准时间 18:45:30(苏联))

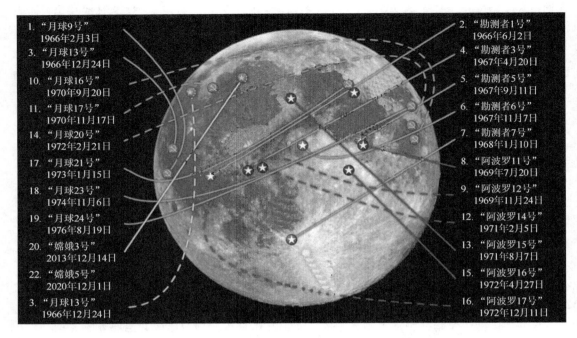

1. "月球9号" 1966年2月3日
3. "月球13号" 1966年12月24日
10. "月球16号" 1970年9月20日
11. "月球17号" 1970年11月17日
14. "月球20号" 1972年2月21日
17. "月球21号" 1973年1月15日
18. "月球23号" 1974年11月6日
19. "月球24号" 1976年8月19日
20. "嫦娥3号" 2013年12月14日
22. "嫦娥5号" 2020年12月1日
3. "月球13号" 1966年12月24日

2. "勘测者1号" 1966年6月2日
4. "勘测者3号" 1967年4月20日
5. "勘测者5号" 1967年9月11日
6. "勘测者6号" 1967年11月7日
7. "勘测者7号" 1968年1月10日
8. "阿波罗11号" 1969年7月20日
9. "阿波罗12号" 1969年11月24日
12. "阿波罗14号" 1971年2月5日
13. "阿波罗15号" 1971年8月7日
15. "阿波罗16号" 1972年4月27日
16. "阿波罗17号" 1972年12月11日

图 7.11　苏联、中国和美国的月球探测器在月球近侧着陆

图 7.12　"阿波罗 11 号"登月舱"鹰",1969 年 7 月 20 日

图 7.13　"毅力号"火星车,2021 年 2 月

7.14　人类太空任务

　　1961 年 4 月,尤里·加加林(Yuri Ggarin)成为第一个成功进入太空并绕地球轨道飞行的人;1984 年 4 月,拉凯什·夏尔玛(Rakesh Sharma)乘坐"联盟号"(Soyuz)成为首位进入太空的印度人(见图 7.14)。苏尼塔·威廉姆斯在国际空间站执行任务(见图 7.15)。2003 年 10 月,杨利伟成为中国第一位成功完成绕地球飞行任务的宇航员(见图 7.16)。如今中国已经将其

图 7.14　人类太空任务

空间站送上了轨道(见图7.17)。

图 7.15　苏尼塔·威廉姆斯在国际空间站

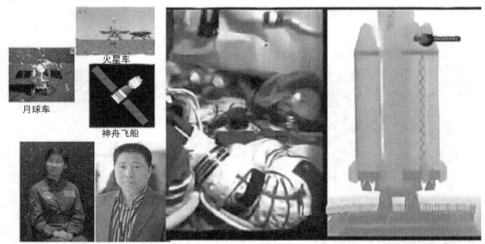

图 7.16　中国载人航天——神舟

印度正在推进其人类太空计划的所有任务,计划于 2024 年将经过训练的飞行员送入轨道(见图 7.18)。月球站将从 2024 年开始运营,首先是美国的阿尔忒密斯计划,随后是中国和俄罗斯(见图 7.19)。

图 7.17 中国空间站——天宫

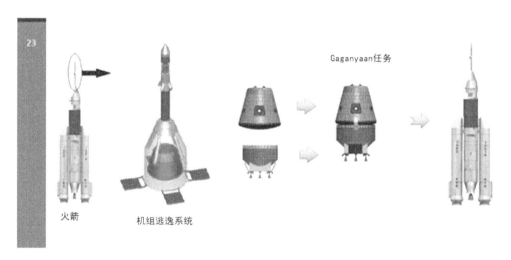

图 7.18 印度的载人航天计划

117

中俄月球研究站

– 2021—2025计划
– 中俄联合国际月球
研究站（ILRS）

来源：中国国家航天局

图 7.19　中国和俄罗斯的月球研究站

第8章 空间技术进展

8.1 我们能比光速快吗？

未来的太空旅行可以是行星之间的旅行、恒星之间的旅行，以及星系之间的星际旅行。在太阳系内，星际旅行运输网络可能是一条由引力决定的路径，这样可以将能量消耗降到最低。在进行星际旅行时，人们可以考虑通过发电的方式获取推力，以此实现航天器的长时间运行。

利用太阳的光照或辐射，通过核热或太阳能发动机获取能量进行星际旅行。

核聚变火箭、反物质火箭、激光推进和辐射推进等技术均可运用于深空任务，而长途的星际旅行则有望延长人类的寿命。

狭义相对论表明，只有静止质量为零的粒子才能以光速运动。超光速粒子（其速度超过光速的粒子）已被假设存在，但它们的存在将违反因果关系，因此物理学家们通常认为它们不存在。另一方面，一些物理学家认为的"显而易见的"或"有效的"超光速物质，取决于这样的假设：在时空异常扭曲的区域，物质将比正常未扭曲的时空中的光更快到达远方。

如果我们能制造一个比光速更快的时空旅行气泡，就可以把宇宙飞船放在这个气泡里。来自 13 个国家的 200 多名科学家一直在 OPERA（Oscillation Project with Emulsion-tRacking Apparatus 中微子振荡检测项目实验）进行研究，以探究中微子是否能在真空中以超光速运动。

OPERA 是一种科学实验仪器，用于探测从 μ 中微子振荡中产生的 τ 中微子。该实验由欧洲核子研究中心（CERN）和格兰萨索国家实验室（LNGS）合作进行，并利用 CERN 的中微子到格兰萨索（CNGS）的中微子束。

这一过程始于欧洲核子研究中心的超级质子同步加速器（SPS），通过脉冲形式向碳靶发射质子，产生介子和反介子。随后，这些粒子衰变并生成 μ 中微子和 τ 中微子。从 2010 年开始，经过几次实验，OPERA 合作团队更新了他们的结果。实验表明，中微子的速度与光速是一致的。2013 年 5 月，一组新的改进的测量结果证实了这一点。

然而，宇宙膨胀速度比光速还要快，这让人们渴望更多地了解暗能量和暗物质的影响，以找出哪种粒子的运动速度能超过光速。

我们将探讨各种空间技术，包括目前用于卫星的电力推进和新兴的空间概念，以提高速度和比冲。美国国家航空航天局和欧洲航天局已经报告了许多最新进展。

8.2 电推进

在之前的章节中，我们已经探讨了使用固体、液体、低温推进剂，以及固液混合推进和空气推进的化学推进火箭。本章我们将研究其他类型的推进系统,例如电力、热能、等离子体、激光、核和脉冲核聚变推进。

需　求

与化学火箭不同,电推进器是最有效的推进装置,因为它能以更高的比冲运行。化学火箭使用蕴含在推进剂中的能量来燃烧并产生推力。相比之下,电推进器利用储存的电能,以更高速度产生燃气并形成推力,从而可以使用更少的推进剂。此外,其喷射速度比传统化学火箭快20倍左右。由于电力有限,电推进器的推力要小得多,但持续时间更长。因此,在航天器应用中它具有广泛的适用性,并且只需要很少的质量来加速航天器。在这些系统中使用的推进剂因推进器类型的不同而有所不同,通常为稀有气体(如氙或氩)或液态金属。然而,由于电推进的推力较小,其并不适用于运载火箭。

目前,电推进技术已经在航天器上得到成熟而广泛的应用。俄罗斯卫星长期以来一直使用电推进技术。截至2019年,全太阳系范围内运行的500多艘航天器均采用电推进技术维持轨位、升轨或进行主动推进。特别是通信卫星需要对太阳辐射压力和重力梯度引起的漂移进行轨道修正。与化学推进器不同,电动推进器(具有mN级别的推力)拥有使用更少的推进剂和更高排气速度的巨大优势,从而延长了卫星寿命。此外,在GTO到GSO转移中,电动推进器能够更有效地提供所需的远地点速度增量。采用电动推进器技术,通信卫星可以减轻近30%的重量,从而使得其在轨寿命得以延长。

在20世纪90年代初,NASA确立电推进为未来深空任务的主要技术,并开始研发和试验各种电推进技术。为了减轻燃料质量、缩短到其他星球的旅行时间并允许更大规模的科学有效载荷,NASA采用电推进技术,并持续探索地球邻近太空区域。电推进技术利用电能产生推力,该电能可由太阳能(如太阳能光伏阵列将太阳辐射转化为电能)或核能(如天基裂变驱动分裂原子核释放大量能量)提供,这种能量被应用于飞船上的动力系统。

基本的电推进系统由三个主要部分组成:一是加速电离推进剂的电推进器,二是适合进行电离和加速的推进剂,三是提供能量的电源。

8.3　电推进的类型

通常在地球轨道及深空空间使用的电推进技术有:
- 基于等离子体的氙燃料的霍尔推进器;
- 固态聚四氟乙烯燃料脉冲等离子体推进器;
- 氨燃料电弧喷射推进器;
- 过热水或氧化亚氮燃料喷射器;
- 氙燃料离子推进器。

氙离子推进器为美国宇航局成功发射的离子推进飞行器"深空1号"提供动力,该飞行器目前在距离地球2.2亿km的太阳系巡航,测试其太空硬件和电推进能力。

电推进火箭发动机基本上可分为三种类型:电热动力,即通过电能产生热量;电磁动力,即通过电能产生磁性;静电发电,即产生静电。这些过程将推进剂加速转化为航天器的动能或推力。

电热发动机

在基本的电热火箭中,电能被利用来将推进剂(如氨)加热至高温,随后加热的推进剂通过喷嘴膨胀产生推力。推进剂加热则可采取两种方式:一是让其流过电弧(此类发动机称为电弧喷射发动机),二是让其流过被电加热的表面(见图 8.1)。

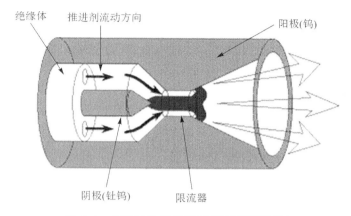

图 8.1 电热发动机(直流电弧喷气推进器)

尽管电弧喷射发动机可达到比化学火箭更高的排气速度,但推进剂气体分子解离所带来的能量增益存在上限;此外,电弧本身引起的侵蚀和材料失效等因素也进一步限制了其性能。鉴于这些限制,电弧喷射发动机更适用于轨道转移飞行器推进和大型空间站轨道维持,而不是深空探测任务中的主要电推进系统。

8.4 微型电阻加热推进

在微型电阻加热推进系统中,推进剂经由电阻加热表面,并通过一个拉瓦尔喷管进行燃气加速(见图 8.2)。

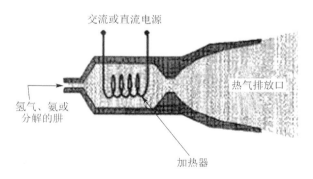

图 8.2 电离式发动机

8.4.1 电磁/等离子体发动机

第二种主要的电推进发动机是电磁/等离子体发动机。在这类发动机中,气态推进剂被电离形成等离子体,然后在电场和磁场的作用下向后加速形成推力。磁等离子体动力(MPD)发动机可以在稳态或脉冲模式下运行。大功率(约 1 MW)稳态 MPD 使用氩气或氢气作为推进剂,是用于轨道转移飞行器(OTV)的不错选择。

8.4.2 脉冲等离子体推进器

脉冲等离子体推进器(PPT)很少使用液态或气态燃料,主要使用固态燃料(通常为聚四氟乙烯)。PPT 的操作分为两个阶段,首先燃料在电弧的作用下进行烧蚀并升华为气体,再由电弧产生的高温将气体转化成等离子体,以形成带电气体云。在燃料不断烧烛的作用下,所产生的等离子体在两个带电板(阳极和阴极)之间缓慢推进。由于等离子体是带电的,燃料所形成的带电气体云使两个带电板之间形成了有效的通路,使得电流通过等离子体,这种电流产生强大的电磁场,并施加洛伦兹力于等离子体上,从而使其加速从 PPT 中高速排出(见图 8.3)。

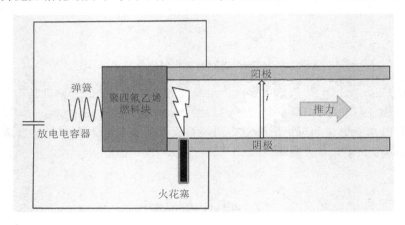

图 8.3 脉冲等离子体推进器的原理示意图

8.4.3 小推力静电发动机

第三种类型的电推进火箭发动机主要是小推力静电发动机或离子火箭发动机。与等离子体火箭发动机一样,其主要用于深空任务中。该推进器主要使用原子(如铯、汞、氙或氩)作为推进剂,并通过从原子上去除一个电子来电离。然而,在小推力静电发动机中,电子完全从电离区移除的速度与离子向后加速的速度相同。推进剂离子在外加电场的作用下加速到很高的排气速度。电离器中从推进剂原子中去除的电子通常通过注入离子排气束的方式喷射出来。这有助于中和排气束中积累的正电荷,并使小推力静电发动机中的电离器保持高电压电位。

离子推进器或离子驱动器利用电场加速正离子,从而产生推力。这一术语严格地指栅格静电离子推进器,但通常被泛泛地错误应用于所有电力推进系统,包括电磁等离子体推进器。

8.4.4　离子推进器

离子推进器(见图 8.4)通过从原子中提取电子使中性气体电离,形成正离子云。这类推进器主要通过静电作用使离子在电场中进行加速。暂时储存的电子穿过静电栅格后由中和剂重新注入离子云中,因此气体再次变成中性并可以自由分散于空间,而无需与推进器进行任何其他的电相互作用。相反地,等离子体推进发动机利用洛伦兹力将所有物质(包括自由电子、正负离子)加速至同一方向,无论它们的电荷是多少,特称为等离子体推进发动机,其中的电场不在加速方向上。

离子推进器在运行中需要 $1 \sim 7$ kW 的输入功率,排气速度为 $20 \sim 50$ km/s,推力为 $25 \sim 250$ mN,效率为 $65\% \sim 80\%$,实验版本已达到 100 kW、5 N。

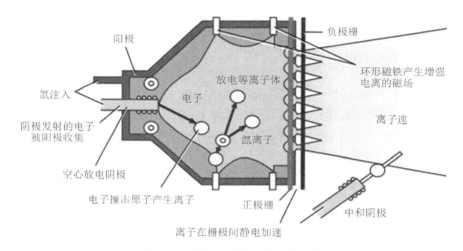

图 8.4　栅极离子推进器的示意图

"深空 1 号"探测器由离子推进器提供动力,在消耗不到 74 kg 氙的情况下,速度改变了 4.3 km/s。之后,"黎明号"探测器以 10 km/s 的速度变化,打破了纪录。

离子推进器主要应用于控制航天器的姿态,也被应用于一些小质量的航天器(例如"深空 1 号"和"黎明号")的主发动机。其中一些航天器配备了数十个低功率离子发动机。

当离子发动机外部存在离子时无法工作,因此不能应用在飞行器穿越大气层的场景中,只能在真空环境下使用。

NASA 太阳能技术应用装置(NSTAR)是一种航天器离子推进器,被称为静电离子推进器。该装置采用高效低推力的设计,利用太阳能电池板产生电力,并通过高压电极加速离子以获取推力。

8.4.5　霍尔推进器

在航天器推进中,霍尔推进器(HET)是一种离子推进器,其通过电场来电离和加速推进剂。霍尔效应推进器(基于埃德温·霍尔的发现)有时被称为霍尔发动机或者霍尔电流发动机。霍尔效应推进器运用磁场推动电离所形成离子的加速运动,以此来产生推力,并在推进器尾部与电子枪发射的电子中和。霍尔推进器被归类为中等比冲(1 600 s)空间推进技术,自

20 世纪 60 年代以来得到了大量的理论和实验研究。

霍尔推进器采用多种推进剂,其中最常见的是氙和氪。此外,还有其他推进剂可供选择,如氩、铋、碘、镁和锌。

霍尔推进器能够将排气速度提高到 $10\sim80$ km/s(比冲 $1\,000\sim8\,000$ s),大多数型号的工作速度在 $15\sim30$ km/s(比冲 $1\,500\sim3\,000$ s)之间,其产生的推力取决于功率水平。工作在 1.35 kW 的设备产生约 83 mN 的推力。高功率模型已经在实验室中演示了高达 5.4 N 的推力。氙气霍尔推进器的功率水平已被证明可高达 100 kW。

截至 2009 年,霍尔推进器的输入功率为 $1.35\sim10$ kW,排气速度在 $10\sim50$ km/s 之间,推力范围为 $40\sim600$ mN,效率达 $45\%\sim60\%$。该发动机可用于控制轨道卫星的姿态,也可作为中等质量空间飞行器的主发动机。

苏联研制了两种霍尔推进器:

① Fakel 设计局的 SPT(静态等离子发动机)宽加速区推进器。

② 中央机械制造研究所(TsNIIMASH)的窄加速区推进器 DAS(TAL,阳极层推进器)。

SPT 的设计主要由 A. I. Morozov 完成。第一台在太空中运行的 SPT 是 1971 年 12 月发射的苏联流星卫星上的 SPT - 50,用于南北和东西方向的卫星稳定控制。自那时起直到 20 世纪 90 年代后期,共有 118 台 SPT 发动机完成了任务,其中约 50 台仍在继续运行。1982 年引进了推力分别为 40 mN 和 83 mN 的高功率型号 SPT - 70 和 SPT - 100。随着苏联解体后俄罗斯国内市场需求的变化,新型号如功率几 kW 级别的 SPT - 140、SPT - 160、SPT - 200 和 T - 160 以及低功率(小于 500 W)的 SPT - 35 纷纷问世。

1992 年,在弹道导弹防御组织的支持下,来自美国宇航局喷气推进实验室、格伦研究中心和空军研究实验室的电推进专家团队访问了俄罗斯实验室,并对 SPT - 100(即直径为100 mm 的 SPT 推进器)进行了实验评估,苏联制造的推进器被引入西方。在过去的 30 年中,超过 200 个霍尔推进器已经成功地运用于苏联/俄罗斯卫星,并且从未发生任何故障。现在,这种先进技术仍然被广泛应用于俄罗斯和欧美的航天器上。

1. 工作原理

霍尔推进器的基本工作原理是利用静电势将离子加速到高速。在霍尔推进器中,吸引负电荷是由推力器开放端的电子等离子体完成而不是栅格完成的。通过使用 $100\sim300$ G($0.01\sim0.03$ T)的径向磁场来限制电子,在径向磁场和轴向电场的组合下,使得电子在方位角上漂移,从而形成霍尔电流,该装置由此得名。

在阳极和阴极之间施加 $150\sim800$ V 的电势。中央尖峰形成电磁铁的一个极,周围环绕着一个环形空间,该空间内另一端为电磁铁的另一个极,而其中心则存在径向磁场。

推进剂,如氙气,被注入阳极。在阳极上有许多小孔作为气体分布器。当中性的氙原子扩散到推进器通道时,它们会与循环高能电子(通常是 $10\sim40$ eV 或放电电压的 10% 左右)碰撞并发生电离。大多数氙原子电离后的净电荷为 $+1$,但也有相当一部分(约 20%)的净电荷为 $+2$。

然后,氙离子被阳极和阴极之间的电场加速。当放电电压为 300 V 时,离子的速度约为 15 km/s(9.3 min/s),比冲为 $1\,500$ s(15 kN·s/kg)。然而,当离子离开时,它们会带走等量的电子,形成无净电荷的等离子体羽流。

经过电场的加速,氙离子在阳极和阴极之间高速移动。当放电电压达到 300 V 时,其速度可高达 15 km/s(9.3 m/s),比冲为 1 500 s(即 15 kN·s/kg)。然而,随着离子的流失,等离子体羽流中不再存在净电荷。

径向磁场强度应设计得足够大,以使低质量电子偏转,但不至于影响高质量离子的运动。由于高质量离子具有更大的陀螺半径,因此几乎不受阻碍。这导致大部分电子被困在推进器出口面附近的高径向磁场区域中,并处于 $E×B$(轴向电场和径向磁场)作用下。这种电子的轨道旋转被称为循环霍尔电流,而霍尔推力器则因此得名。当这些电子与其他粒子或壁碰撞时,以及在等离子体不稳定性的影响下,一些电子会从磁场中释放出来并向阳极漂移。

有 20%~30% 的放电电流是由电子构成的,而电子电流并不产生推力,这限制了推进器的能量效率。剩下 70%~80% 的电流则存在于离子中。由于霍尔电流困住了大部分的电子,在推进器内停留时间较长,并且可以将几乎所有氙推进剂离子化,因此允许使用 90%~99% 的氙作为推进剂。这种推进器质量使用效率约为 90%,放电效率约为 70%,组合效率约为 63%(=90%×70%)。通过先进设计,现代霍尔推进器的效率可高达 75%。

相较于化学火箭,霍尔推进器推力微不足道。对于一台典型的 300 V、1.5 kW 的推进器而言,仅有 83 mN 的推力。与所有电推进航天器工作模式一样,可用功率、效率和比冲限制了其推力。然而,霍尔推进器在高比冲下运行,这是典型的电动推进方式。与栅格离子推进器相比,霍尔推进器的一个特别优势在于其产生和加速离子的过程发生在准中性等离子体中,因此不会受到空间电荷饱和电流对推力密度的限制。这使得它可以设计成更小巧的推进器。

另一个优点是,这种推进器可以将更多种类的推进剂供应到阳极,甚至包括氧气。然而,在阴极方面需要一些易于电离的物质以确保正常工作。

2．推进剂

(1)氙

氙作为包括霍尔推进器在内的电推进系统的典型推进剂,由于其具有相对高原子质量和低电离势而推进效应更高,因此被广泛应用。氙易于存储,且在航天器工作温度下以气态形式存在,因此与铋等金属推进剂不同,其无需汽化即可使用。

(2)氪

氪作为霍尔推进器的另一种推进剂,其相较于氙具有更高的电离势(氙:12.129 8 eV;氪:13.996 eV),需要消耗更多的能量来完成电离,因此效率相对较低。此外,氪的分子质量比氙更轻,因此单位质量的电离能更低,使得其性价比不如氙。但从另一方面来说,每千克氙的价格是氪的 10 倍以上,所以在一些卫星星座的项目上,从经济实惠和性能稳定的角度出发,氪也是不错的选择,比如 SpaceX 公司的 Starlink 上搭载的霍尔推进器就是采用氪作为燃料的。

(3)圆柱形霍尔推进器

尽管传统的环形霍尔推进器在千瓦级功率范围内表现良好,但当规模很小时,其效率会降低。这是由于在缩小推进器尺寸时,很难保持其磁场强度。为解决这个问题,研究人员设计出了圆柱形霍尔推进器。由于其非常规的放电室几何结构和相关的磁场轮廓,圆柱形霍尔推进器更容易缩放到更小的尺寸,并且比传统环形霍尔推进器更适合进行小型化和低功率操作。事实上,在 100 W~1 kW 范围内运行时,要想保持 45%~55% 的效率,对于常规霍尔推进器而言是一项巨大挑战。

(4)外部放电霍尔推进器

当保护磁路的放电通道壁和极片受到溅射腐蚀时,会导致推进器工作失效,因此,环形和圆柱形霍尔推进器的寿命是有限的。虽然磁屏蔽已被证明可以显著减少对放电通道壁的腐蚀,但极片的腐蚀仍然是一个问题。作为替代方案,人们设计了一种非常规的霍尔推进器,称为外放电霍尔推进器或外放电等离子体推进器(XPT)。该推进器不需要任何通道壁或极片来进行放电,等离子体放电完全在推力器结构外的开放空间中完成,因此不存在腐蚀的情况。

图8.5展示了在月球轨道上运行的"门户"绕月空间站。"门户"轨道的保持将由霍尔推进器来完成。

图 8.5　月球轨道空间站"门户"(Gateway)的示意图

（5）纳米技术在电推进器中的应用

随着电子器件的小型化和下一代纳米材料在太空技术中的应用,引发了星际飞行和利用小型卫星开展近地空间探索的技术革新。使用集成纳米材料设计的先进电推进装置将运用于新型卫星系统。（参考：Levchenko I,等.基于智能纳米材料的空间电力推进系统的最新进展和展望.自然通讯,2018,9：879.）

将来,最先进的电动推进器可能可以提供100 km/s的速度增量,这将使宇宙飞船能够以更快的速度前往太阳系外的行星。采用外部电源(通过光伏板上的激光传输)的电推力火箭在理论上具备星际飞行的潜力(见图8.6)。

诸如磁等离子体动力推进器和脉冲感应推进器,将来可能会为更高功率的核推进系统提供动力。典型的电推进系统推进剂的喷射速度可以达到化学推进剂喷射速度的20倍左右,并且具有更高的比冲,或者说单位质量所产生的推力更大。深空任务将不再受到行星位置所决定的狭窄发射窗口的限制。传统上,化学推进的航天器在旅行时从一个行星移动到另一个行星,在每个行星的轨道上使用"重力辅助"操作来提高自己的速度。

（6）磁等离子体火箭推进（NASA）

可变比冲磁等离子体火箭(Variable Specific Impulse Magnetoplasma Rocket,VASIMR)是一种正在研发中的电热推进器,它采用无线电波对惰性推进剂进行电离和加热,形成等离子体,然后用磁场约束和加速膨胀的等离子体以产生推力。其工作原理示意图如图8.7所示。

加热等离子体的方法最初是在核聚变研究中发展起来的。可变比冲磁等离子体火箭旨在弥补高推力、低比冲化学火箭和低推力、高比冲电力推进火箭之间的差距,但尚未证明具有高推力。

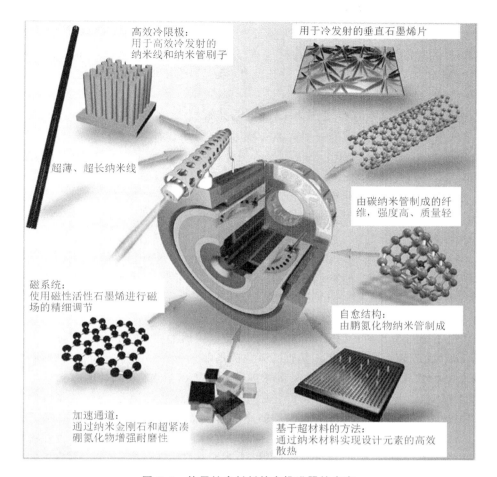

图 8.6 使用纳米材料的电推进器的未来

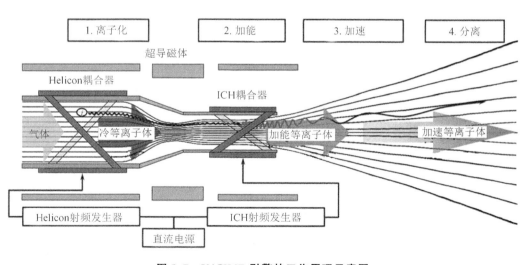

图 8.7 VASIMR 引擎的工作原理示意图

在这类发动机中,惰性推进剂被电离并使用无线电波进行加热,产生的等离子体在磁场作用下加速以产生推力。其他相关的电推进航天器概念包括无极等离子体推进器、微波电弧喷射推进器和脉冲感应推进器。可变比冲磁等离子体火箭发动机每个组件都经过了磁屏蔽处理,不直接接触等离子体,提高了其耐久性。此外,由于消除了电极侵蚀问题,可以避免传统离子推进器设计寿命缩短的风险。

可变比冲磁等离子体火箭推进剂为中性气体,如氩气或氙气,被注入带有电磁铁的空心圆柱体内。进入发动机后,气体首先被螺旋波射频天线/耦合器加热成"冷等离子体态",该天线/耦合器以 10~50 MHz 的频率用电磁能量轰击气体,将电子从推进剂原子中剥离出来,产生离子和自由电子的等离子体。可变比冲磁等离子体火箭据称可以通过调整射频加热能量和等离子体数量来实现低推力、高比冲排放或相对高推力、低比冲排放。发动机的第二阶段是一个强大的螺线管结构的电磁铁,它引导电离等离子体,就像传统火箭发动机中的物理喷嘴一样,起到会聚-发散喷嘴的作用。

第二个耦合器被称为单通离子回旋加热(Ion Cyclotron Heating,ICH)部分,当离子和电子穿过发动机时,会发出与它们轨道共振的电磁波。这种共振是通过减少该部分的磁场来实现的,从而减缓等离子体粒子的轨道运动。此外,该部分还将等离子体进一步加热至超过 10^6 K,大约相当于太阳表面温度的 173 倍。

离子和电子通过发动机的路径近似平行于发动机壁面的线,然而,粒子实际上是绕着这些线运行的,同时线性地通过发动机。发动机最后扩张部分包含一个不断膨胀的磁场,将离子和电子以高达 $5×10^4$ m/s($18×10^4$ km/h)的速度从发动机中喷射出来。

与典型的回旋共振加热过程相反,可变比冲磁等离子体火箭离子是在实现热化分布之前立即从磁喷嘴中喷射出来的。基于 2004 年德克萨斯大学奥斯汀分校的 Alexey V. Arefiev 和 Boris N. Breizman 的理论研究工作,离子回旋波中的所有能量几乎都在一次回旋吸收过程中均匀地转移到电离等离子体中。这使得离子以非常窄的能量分布离开磁喷嘴,并且在发动机中大大简化和紧凑了磁铁的布置。

可变比冲磁等离子体火箭不使用电极,它可以屏蔽等离子体与大多数硬件部件的接触,从而彻底消除电极侵蚀——这也是离子发动机磨损的主要原因。相比传统火箭发动机的复杂管道、高性能阀门、作动器和涡轮泵,可变比冲磁等离子体火箭几乎没有活动部件(除了小型气阀),最大限度地提高了其耐用性。

高能量电推进(High Power Electric Thruster,HiPEP)是用于核电力推进的静电离子推力器的一种变体。它在 2003 年由美国宇航局进行了地面测试,并计划用于木星冰卫星轨道飞行器,该计划于 2005 年取消。

高能量电推进器与早期的离子推进器不同,因为它利用微波和磁场相结合的方式产生氙离子。电离是通过电子回旋共振(Electron Cyclotron Resonance,ECR)实现的,在电子回旋共振过程中,存在于中性气体中的少量自由电子围绕静态磁场线旋转。注入微波的频率被设定为与陀螺频率相匹配,并建立共振。能量从微波的右边极化部分转移到电子。然后,这种能量通过电子和中性粒子之间罕见但重要的碰撞转移到大块气体/等离子体中。在这一过程中,电子可以从中性粒子中碰撞出来,形成离子-电子对。该过程是在低密度气体中产生等离子体的高效方法。

推进器功率在 20~50 kW 级,比冲为 6 000~9 000 s,推进剂的吞吐能力超过 100 kg/kW。

高能量电推进器的预样机在功率为 39.3 kW 的情况下,使用 7.0 mg/s 的燃料产生 670 mN 的推力,比冲为 9 620 s。高能量电推进器功率降低到 24.4 kW,燃料消耗为 5.6 mg/s,产生 8 270 s 的比冲和460 mN 的推力。

8.5　用于太空任务的核推进火箭

核热火箭(Nuclear Thermal Rocket,NTR)是一种利用核反应产生的热量作为推进动力的热火箭。相较于化学火箭,其工作介质(通常为液氢)在经过核反应堆高温加热后通过喷嘴膨胀以产生高效的推力。理论上,与内部储存能量的化学推进剂相比,核能源可提供更高、更有效的排气速度,因此预计有效载荷运力将增加 1~3 倍。

核热火箭作为一种航天器推进技术,最早的地面试验发生在 1955 年,然而尽管已经建造和测试了 10 多个不同功率输出的反应堆,但截至目前还没有发射过核热火箭。

8.5.1　核堆芯发动机设计

固体堆芯核热火箭的燃料是铀化合物,在特定条件下以固态存在,并通过核裂变释放能量。而用于飞行的反应堆则需要轻量化设计,同时具备耐高温性能,因为其唯一可用的冷却剂为工作介质/推进剂。在所有测试过的固体堆芯核热火箭中,核实心发动机是最简单的设计构造。

固体堆芯的性能最终受到材料特性的限制,其中包括用于核燃料和反应堆压力容器的材料熔点。由于核反应产生的高温比大多数材料能承受的更高,因此反应堆无法充分发挥其潜力。固体堆芯设计通常使用氢作为推进剂,提供 850~1 000 s 量级的特定比冲(I_{sp}),大约是氢氧发动机的 2 倍。虽然其他推进剂如氨、水或液氧也被提出,但它们只能提供较低的排放速度和性能。然而,氢作为推进剂的优势在于,在低压下它在大约 1 500 K 开始解离,在高压下则在 3 000 K 左右解离,这降低了排放组分质量并增加了 I_{sp} 值。

脉冲核热火箭的概念在于增大 I_{sp} 值。其中,氢在推进剂通道中被强中子脉冲加热,同时多余能量由带有锂或其他液态金属的单独冷却通道排出。

脉冲核热火箭(注意这一概念与核脉冲推进不同,核脉冲推进是一种设想的利用核爆炸获得推力的模式)是一种用于推力和比冲(I_{sp})放大的固体核热火箭(见图 8.8)。在该概念中,传统的固体裂变 NTR 既可以在静止模式下运行,也可以在脉冲模式下运行,很像 TRIGA 反应堆(注:也叫铀氢锆反应堆,是一种以氢化锆与浓缩铀均匀混合物为燃料的固有安全性很高的研究堆)。由于推进剂在腔室中的停留时间较短,通

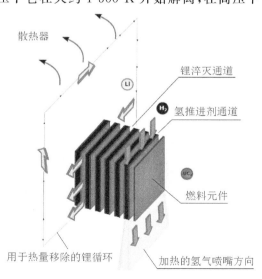

散热器

锂淬灭通道

H_2 氢推进剂通道

燃料元件

用于热量移除的锂循环

加热的氢气喷嘴方向

图 8.8　脉冲核热火箭

过脉冲核芯可以使得能量放大,从而通过增加推进剂质量流量来增加推力。然而,最重要的是其能够获得非常高的推进剂温度(高于燃料),然后将排气速度提高。这是因为,与传统的固定固体 NTR 相比,推进剂被来自脉动的强烈中子通量加热,这些中子通量以动能的形式直接从燃料传输到推进剂。通过脉冲核心,就有可能获得比燃料热的推进剂。然而,与经典的核热火箭(包括液体和气体核火箭)形成鲜明对比的是,裂变子体衰变产生的热能是不需要的。

通过脉冲固体核芯可以获得非常高的瞬时推进剂温度,但会受到脉冲后快速辐射冷却的限制。

8.5.2 液体核芯

液体堆芯核动力发动机的燃料为液态可裂变元素化合物。该发动机工作温度高于固体核燃料和包壳的熔点,而发动机最高工作温度由反应堆压力容器和中子反射材料决定。较高的工作温度可提供 1 300~1 500 s 的比冲。

以目前的技术建造液态核反应堆极为困难,主要瓶颈在于核燃料的反应时间远长于工作介质加热时间。若未对核燃料和工作介质进行物理分离,则意味着燃料必须被困在发动机内部,而仅有工作介质可轻易地通过喷嘴排出。一种可能的解决方案是通过高速旋转燃料/流体混合物,迫使密度更高的燃料向外部移动。然而,这种方法会导致反应堆压力容器暴露在最高工作温度下,并增加发动机结构质量、复杂性和活动部件。

另一种设计方案是核盐水火箭,水被用作工作介质和中子慢化剂。与传统的核燃料不同,该设计采用非保留式核燃料,从而大大简化了系统结构。然而,在反应过程中会产生大量放射性废物,因此只能在地球大气层之外安全运行。

8.5.3 核气芯——闭式循环和开式循环

最后一种核裂变分类是燃气堆芯发动机。这种改进设计利用液体快速循环形成一个环形气态铀燃料袋,周围包覆着氢气。在此模式下,燃料完全不接触反应堆壁,因此温度可达数万度,并具备 3 000~5 000 s 的特定脉冲。在这种"开式循环"的基本设计中,核燃料的损失难以控制,因此进行了"闭式循环"或核"灯泡"发动机的研究。发动机采用气态核燃料,并被包含在超高温石英容器中,而氢气则在其上方流动。与实心设计相似,但受到石英临界温度限制而非燃料和包壳。闭循环设计的效率低于开循环设计,预计可提供 1 500~2 000 s 的比冲(见图 8.9)。

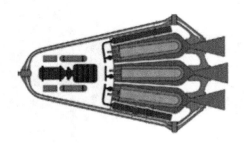
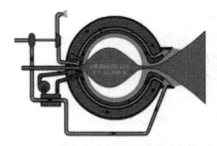

(a) 核气芯闭式循环火箭发动机图,核"灯泡"　　　　(b) 核气芯开式循环火箭发动机图

图 8.9　核气芯的闭式循环和开式循环

8.5.4 双峰核热火箭

双峰核热火箭进行的核裂变反应类似于在核电站中(包括潜艇在内)使用的核裂变反应,其能量被用来加热液氢推进剂。核动力航天器的拥护者强调,在发射时,核反应堆几乎没有释放出任何辐射。此外,与化学推进系统相比,核热火箭具有巨大的性能优势。核动力源还可以为航天器的运行和科学仪器提供电力。

8.6 太阳能电推进

太阳能电推进(Solar Electric Propulsion,SEP)系统采用机载太阳能电池阵列供电,相较于传统化学推进系统(如用于将航天飞机送入轨道的化学推进系统),其燃料消耗量可减少1/10。然而,减少的燃料质量将提供强大的推进力,能将机器人和载人任务扩展至超出近地轨道之外:将深空探测器发送到遥远的目的地,运送货物到预定地点,为未来的任务奠定基础,或者为已经在进行的任务提供补给。

使用 SEP 技术,能量被输送至高效的推进器,为整个任务提供平缓而持续的推力。SEP项目采用先进磁屏蔽静电霍尔推进器,摆脱了传统火箭发动机所需的化学燃料。

推进器在磁场中产生并捕获电子,利用它们电离飞船上的推进剂,形成等离子体的排气羽流,从而加速飞船前进。几个霍尔推进器可以组合起来增强动力。一个能够将氙离子加速到超过 29 m/s 的系统将提供足够的力量来推动航天器并进行轨道转移。SEP 已被研究作为火星任务的一种推进技术,尤其是其高比冲离子发动机可降低整体质量,当与太阳能电池板结合使用时,可以替换核技术来为航天器提供动力(见图 8.10)。

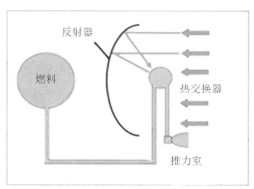

未来轨道转移器的可能应用

反射器
燃料
热交换器
推力室

比冲: 750 s
推力:连续5~10 N
功率:70 kW(太阳能)

图 8.10 太阳热推进

核聚变火箭是一种理论设计，它无须携带大量的燃料，主要通过核聚变产生推力，在太空中为航天器提供高效和长期的加速度（见图 8.11）。这项技术需要超越现有技术能力的发展，并研制比目前任何航天器都更大、更复杂的火箭。未来，随着控制磁约束和防止等离子体不稳定方法的改进，更小、更轻的核聚变反应堆将有望实现。惯性核聚变可以提供一种更轻、更紧凑的替代方案，就像基于反场结构的核聚变引擎一样。核聚变脉冲推进是一种利用核聚变能量为火箭提供动力的新型方法。

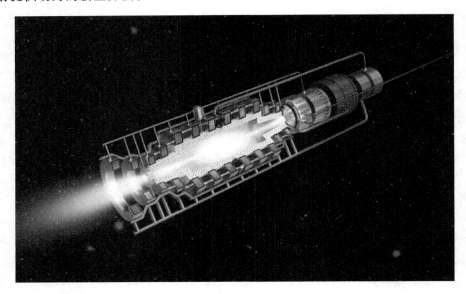

图 8.11　核聚变推进的普林斯顿卫星系统

在未来，氦-3 推进将成为一种利用氦-3 原子聚变作为动力来源的航天器推进技术。由于其含有两个质子和一个中子的同位素特性，因此可以与氘在反应堆中聚变产生能量释放，并用于驱动宇宙飞船飞行。而选择氦-3 作为宇宙飞船的动力源，则是因为其在月球上储量丰富。

8.7　激光推进

在过去几十年中，激光推进原理已经在世界各地的多个实验室得到了验证。这些研究的主要目标是为纳米卫星提供从地球表面到近地轨道（LEO）的替代发射方案。然而，事实证明，所需的激光功率在短期内可能无法实现。

固态激光技术的快速发展促进了小型脉冲激光源的发展，其可以应用于零重力太空环境。新型激光推进技术为卫星或卫星星座的轨道保持和姿态控制提供了全新思路。采用主动和自适应光学系统的束流控制可实现远程或遥控激光推进。未来在小行星或彗星上进行探测采样等任务，可使用牵引波束使其返回地球。目前，主要目标是开发和评估 $0.1~\mu N \sim 1~mN$ 范围内的精密激光推进器，以替代许多需要精确姿态和轨道控制的微调整方案，可用于满足测量地球引力的测地线任务、使用两颗高度恒定的卫星建造 X 射线天文望远镜、使用合成孔径架构的望远镜阵列天文任务（Darwin）等不断增长的需求。

激光推进具有精度高、基础结构简单等优点,是制造微型推进器的理想技术。利用脉冲激光源对金属或复合材料进行烧蚀,可以产生精确可调推力。其中太阳能泵浦激光系统是在轨推进的理想选择。

8.8　太阳能和激光推进的星际航行

太阳帆是一种利用太阳对大型镜面施加的辐射压力来推进航天器的方法。首个使用该技术的航天器是 2010 年发射的 IKAROS(注:日本研制的世界上第一艘太空帆船——"伊卡洛斯号")(见图 8.12)。

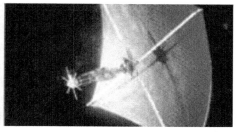

图 8.12　IKAROS 太空探测器带着太阳帆在飞行中
(图片来源:**immeasurably.art**(艺术家的描绘),显示了典型的方形帆配置)

太阳帆利用的是在天体动力学上已被证实和测量的太阳辐射压力驱动现象。太阳辐射压力影响着所有航天器,无论是在行星际空间还是在行星或小天体的轨道上。例如,前往火星的航天器可能会因太阳辐射压力而偏移数千千米,因此在轨道设计时必须考虑这种不可忽略的影响。此外,太阳辐射压力也会对航天器运行方向产生影响,这也是航天器设计中必须考虑的一个因素。

施加在 800 m×800 m 的太阳帆上的总力约为 5 N,使其成为一种低推力推进系统。这类似于由电动发动机驱动的航天器,由于不使用推进剂,使得这一持续施加的推力随着时间的推移可产生足够大的集合效应,因此太阳驱动被认为是一种潜在的航天器推进方式。

太阳帆甚至可以使用激光驱动,由核热或太阳能发电机提供动力,用于星际旅行。

8.8.1　高超声速运输

美国、俄罗斯、澳大利亚和中国已经进行了许多实验来证明高超声速飞行器的存在,俄罗斯已经有了使用煤油作为燃料的作战导弹。虽然乘波体在高速俯冲中表现出了良好的效果,但在空间应用中使用氢作为燃料的长时间超燃冲压发动机还没有任何国家能够实现。印度空间研究组织(Indian Space Research Organisation,ISRO)和印度国防研究与发展组织(Defence Research and Develop Organisation,DRDO)各进行过一次飞行试验,证明该发动机可在 20 km 高度达到 $6Ma$ 的飞行速度,并进行了几秒钟的演示验证。

印度于 1988 年在班加罗尔国际宇航联合会上首次提出了"超级飞机"的新概念(见图 8.13)。该团队由空军少校戈帕拉斯瓦米领导,他们提出有效载荷效率可达 15%,相较于美国、欧洲和日本提出的 7%～8%,有着更高的性能表现。

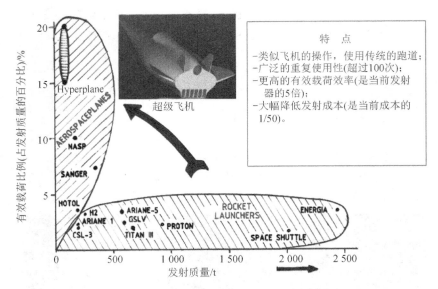

图 8.13　多用途航空航天器——Hyperplane(超级飞机)

　　研究人员计划设计一种超级飞机,能够从传统机场起飞并在上升过程中收集大气中的空气;将空气液化并分离出其中的氧气,储存在飞机上以备后续的大气层外飞行使用。该飞机将像普通飞机一样从跑道水平起飞,使用空气和氢气作为燃料的涡轮冲压发动机。当达到巡航高度时,它将转而使用超燃冲压发动机吸入式推进器将速度从 $4Ma$ 加速至 $8Ma$。在这个巡航阶段,机载热交换装置会收集发动机排放出来的热空气,并使其分离出液态氧,收集到的液态氧将用于最终飞行阶段,火箭发动机将燃烧这些液态氧和携带的氢气以进入轨道。该航天器的设计允许至少 100 次重复往返大气层,一旦投入使用,计划能够向近地轨道运送高达 1 000 kg 的有效载荷,这将是最经济实惠的太空物资运输方式。

　　这类任务在多种应用场景下都非常有用。在超级飞机项目中,旨在实现更高的有效载荷比例,以降低每公斤卫星的发射成本。美国起飞质量 2 000 t 的航天飞机只能将 30 t 有效载荷送入近地轨道,其有效载荷比仅为 1.5%。而超级飞机计划将达到 15% 的有效载荷比例(见图 8.13),从而大幅降低发射成本并实现多项任务,如运输、侦察等有效载荷发射和交付等。

　　在一次典型的任务中,超级飞机将使用涡扇冲压发动机以 100 t 的质量起飞,然后在超燃冲压发动机模式下飞行近 1 000 s。在此期间,它会收集空气,将其冷却分离为液态氧,这使航天器的质量增加至 166 t。随后,它以火箭发动机模式飞行,并使用液态氧和储存的液态氢来运送 16 t 的有效载荷。这种在飞行中增加飞行器质量的概念是印度科学家提出的独特创意。超级飞机任务概况如图 8.14 所示。

8.8.2　低成本进入太空

　　图 8.15 展示了不同类型任务进入太空的成本分析,包括使用传统的一次性运载火箭发射卫星,使用部分可重复使用的运载工具(如航天飞机)进行轨道运输,以及使用完全可重复使用的超级飞机(如太空殖民)执行大型任务。采用超级飞机后,近地轨道每吨成本将从 1 000 万美元显著降至 1 000 美元。

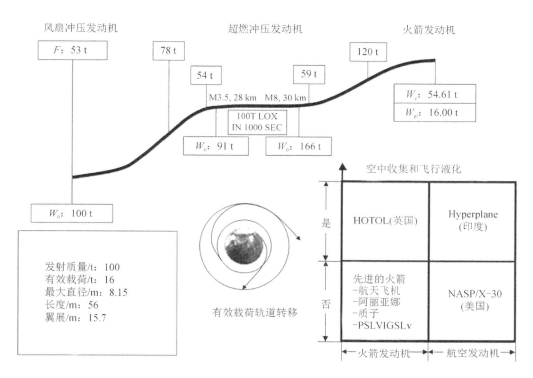

图 8.14 超级飞机任务概况：印度概念

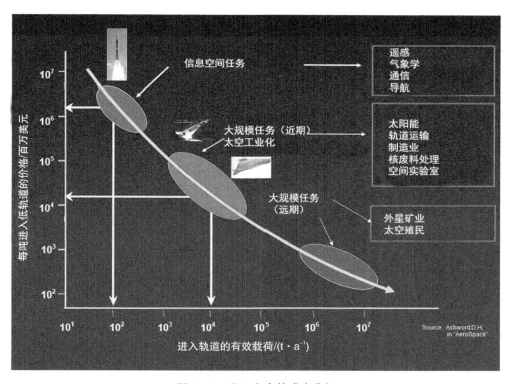

图 8.15 进入太空的成本分析

8.8.3 太空清洁能源

由于石油和天然气等用于发电的化石燃料将在 2075 年枯竭,而煤炭资源也会在 2100 年耗尽,因此清洁能源在不久的将来是不可或缺的。为了应对迫在眉睫的能源危机,同时也为了地球免受污染,有人提出在外层空间以大规模商业开发的形式来建造光伏太阳能发电卫星,以此来为地球提供电力。位于地球上方轨道中的太阳能资源可以被 99% 有效利用,并且每平方米可以获得 1.43 kW 以上的太阳能辐射量,这远高于地表所接收到的太阳辐射(见图 8.16)。

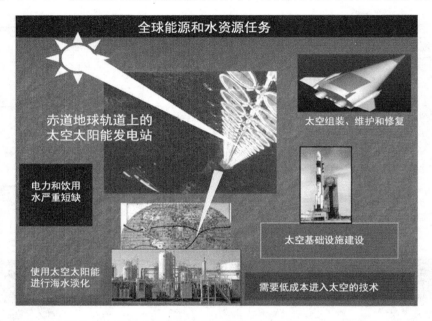

图 8.16　通过太阳能发电站完成的全球能源和水资源任务

大型太阳能发电站将太阳辐射转化为微波能量,并通过空间传输技术发送到地球近海的接收站。然而,建造空间太阳能发电站需要使用超级飞机,这是一种重型高效的航天货运飞机,利用先进的航空航天技术在太空中执行大规模营利性任务。研究估计,一个 1 000 MW 的空间太阳能发电站需要占据 12 km² 面积,并且由长达数千米、重达万吨的光伏电池阵列组成。该项目预计需要 3 年时间才能完成,在此期间超级飞行器将把建筑材料送至近地轨道。

太阳辐射出的能量约为全球人类消耗能源的 10 万亿倍。如果我们能从太阳中提取一小部分能量,就足以满足未来的能源需求。与传统地面太阳能发电厂相比,太空太阳能发电具有许多优势。在外层空间,太阳辐照度大约是地球表面的 1.4 倍,太空太阳能发电站可以 24 h 收集能量,而地面系统只有 6~8 h 收集时间;太空太阳能发电系统可不受气候条件影响而降低效率。因此,天基系统要比陆基系统有更高的效率。太空太阳能发电站涵盖三个关键领域:第一个是建立在外层空间中的太阳能发电站;第二个是地面接收系统;第三个重要领域则是从外层空间到地球之间电能的储存和传输。

在将太空能量传输回地球的过程中,无论是通过微波还是激光技术或其他技术,安全性和效率都至关重要,必须对其影响因素和安全问题进行深入研究。提高安全性和效率的一种方法可能是发展纳米电池组,这种电池组可重复使用,并且可以像小型电池一样在空间太阳能电站和地面接收站之间来回充电。另一种方法可能是将能量接收中心预先指定在海上,以减少安全问题。此外,考虑到目前的发射技术,降低成本也非常重要,在建设空间太阳能发电站时最大的成本部分就是将组件送入轨道的费用。

8.8.4　人工智能和空间机器人开发

在太空任务中采用高级的自动化系统已成为世界各国太空机构的理想目标。这种系统具有多重优势,如成本更低、人工监测更少以及能够探索更遥远的深空等优点,而太空探索通常受到与地面控制人员长时间通信的限制。自主技术将是未来太阳系探索的关键,因为深空探索过程中,空间机器人会经常失去与地面控制人员的联系。

8.8.5　自治系统

自治的含义或要求包括三个方面:
- 具备基于感知到的环境和自身状态信息,进行自主决策并执行的能力。
- 具备将给定目标解析为行动方案的能力。
- 具备灵活应变的能力,即在系统和环境变化中不断调整行动以适应新变化。

目前,有许多项目试图利用人工智能(AI)推进太空探索和航天器的开发。

8.8.6　NASA 的自主科学实验

NASA 在地球观测一号(EO - 1)上开始了自主科学实验(ASE),这是 NASA 千年计划中的第一颗卫星,地球观测系列于 2000 年 11 月 21 日发射。这些卫星能够自主进行机载科学分析、重新规划、可靠执行和基于模型的诊断。EO - 1 获得的图像在卫星上进行分析,并在发生变化或特殊事件时向下传输。ASE 软件已经成功地提供了 10 000 多张科学图像。这个实验是 NASA 为人工智能影响未来太空设计探索实验的开始。

8.8.7　人工智能飞行顾问

NASA 的目标是开发一个系统,为飞行员提供实时专家建议,以弥补训练中未涵盖的情况或在飞行过程中提供帮助。该"AI 飞行顾问"基于 IBM 沃森认知计算系统,并从大型数据库中提取相关信息,如飞机手册、事故报告和近战报告等数据,向飞行员提供建议。NASA 希望将这项技术用于太空探索并创建完全自主的系统。该系统以认知计算系统为基础,将完全掌控任务的行动过程,即使在不可预见的情况下也是如此。然而,要实现这一点仍然还需要许多支持技术。

在未来,NASA 希望不仅能够将这项技术应用于地球上的飞行,还能在未来的太空探索中使用。从本质上讲,NASA 计划修改这款人工智能飞行顾问以适应更远距离的应用,并增加额外的认知计算系统,以便根据太空中不可预见的问题做出正确决策。

8.8.8　防撞立体视觉法

NASA 该项目的目标是在太空系统中实现通过立体视觉法避免碰撞,以配合和支撑飞行环境中的自主操作。该技术在其操作系统中采用两个具有相同视角的摄像头,通过将它们组合使用,可获取大范围数据以生成双目图像。NASA 的研究表明,其双摄像头系统技术可用于探测农村和荒野飞行环境中的危险。这个项目为 NASA 开发完全自主的无人机做出了重大贡献。目前,立体视觉系统可以构建立体视觉、处理视觉数据以确保系统正常工作,并最终确定障碍物和地形范围。NASA 希望这项技术未来还可以确定路径以避免碰撞。该技术的最新目标是从点云中提取信息,并将其融入历史地图数据。通过这张地图能够推断出立体数据中未被记录的障碍和特征,为未来的太空探索提供帮助。这将有助于未来人类太空探索观测受限时进行碰撞规避。

8.8.9   人工智能的优势

自主技术能够超越预设行动全面分析各种状态和周围事件,并提出安全应对措施。此外,该技术可降低发射成本和地面参与度,性能也会得到进一步提升。在面对不可预知事件时,"自主"能够快速做出反应,尤其是在深空探索任务中,航天器与地球通信需要漫长的时间。太空探索不仅可以拓展我们对宇宙的认识,还能促进发明创新。前往火星或更远的地方有望推动医学、健康、寿命、交通和通信等领域取得重大进步,这些进步可能在地球上得到相关应用。

8.8.10   空间机器人开发

航天器的发展必须考虑未来系统对能源需求的增长。前往太阳系中心的航天器将采用增强型的太阳能电池板技术,以充分利用周围丰富的太阳能资源。未来太阳能电池板的目标是在保持轻量化的同时提高工作效率。

8.8.11   放射性同位素热电机

放射性同位素热电机(Radioisotope Thermoelectric Generator,RTEG 或 RTG)是一种固态设备,不含活动部件。它们从钚等元素的放射性衰变中产生热量,通常具有超过 30 年的使用寿命。未来,原子能源在航天器上将更加轻便且耐用。这些设备对于外太阳系任务非常实用,因为这些区域接收到的阳光较少,使用太阳能电池板产生大量电力输出并不现实。

8.9   建立月球产业

太空为我们的下一代提供了实现新工业革命的机会。月球和火星上的外来资源以及低重力制造将为人类带来巨大的发展。在行星上采矿需要用创新的方法,来开采、加工和运输大量稀有材料到地球(见图 8.17)。月球可能成为星际旅行的潜在交通枢纽和发射基地。月球天空清洁度高,可以接收所有频率的电波。此外,由于行星际通信系统位于月球的远端位置且不受地球连续无线电发射的影响,月球可以保护这些通信站所使用的行星际通信系统。因此,月球很可能成为星际旅行发射基地和"电信枢纽"。

人类对太阳能和其他可再生能源以及热核聚变等长期清洁能源的追求,将通过在月球上采矿/勘探来满足。月球和火星上丰富的氦-3 矿藏为未来的能源需求提供了解决方案。此外,行星上的干冰沉积物将成为火箭发动机的燃料来源。100 kg 的氦-3 相当于价值 1.4 亿美

图 8.17 太空前沿——月球工业开采氦-3

元的煤炭。低成本获取月球上的氦-3 是保护环境的有效方法之一,将满足到 2050 年时增长至 9 倍甚至更高于现在的能源需求。1969 年,尼尔·阿姆斯特朗在首次登月期间采集的样本表明,月球土壤中氦-3 的浓度至少为 10 亿分之 13,而在未受干扰土壤中的水平可能在$(20 \sim 30) \times 10^{-12}$之间。但按照每克 1 410 美元的预计价值计算,100 kg 氦-3 的价值约为 1.41 亿美元。氦-3 浓度最高的地方是月亮"玛利亚"(我们在月球上看到的暗斑实际上是来自古代火山爆发所形成的凝固熔岩,它们被称为月亮"玛丽亚"),大约一半氦-3 沉积在被"玛丽亚"覆盖的月球表面 20% 的区域内。目前可靠的说法是,在月球土壤中有大量氦-3 沉积物是由太阳风沉积形成的。由于陨石撞击导致了月球土壤搅动,因此在几米深处可能会发现氦-3 的储存。这10^6 t 氦-3 与氘反应将产生大约 20 000 TW/a(10^{12} W/a)的能量输出,因此,氦-3 是未来可持续能源开发领域的重要方向。

可以预见,2025 年后太空旅游将变得流行起来,人们将使用大型助推器、可重复使用的飞行器(如 Hyperplane)和先进的推进装置提供高成本效益的交通工具访问月球和更远的火星。月球和火星上的太空工厂将被用于开采氦-3 等稀有资源以产生核聚变能。由于月球的重力只有地球的 1/6,因此它将成为未来探索宇宙前沿并发射更高效率运载火箭的发射基地。

8.10 空间领域

随着电力需求的不断增长,许多国家正计划依赖太阳能发电卫星(Solar Power Satellite, SPS)来满足其能源需求。这些卫星可以在太空中建造,并从地球静止轨道上将能传输回地球。SPS 将成为最具经济效益的发电方式。在 L4/L5 拉格朗日点建立太空殖民地,可通过月球基站实现。新发现的类地宜居行星将进一步推动在其他星球上建立替代地球的栖息地(见图 8.18)。

图 8.18 未来 100 年的太空前沿

"终有一日,人类将在太阳系之外的宇宙殖民地和太阳系以外的其他行星上建立家园,并最终征服整个银河系。"

第9章 环境：保护地球与可持续发展

"迄今为止,地球是唯一一个适合人类居住的星球。我们必须以至高的慈爱来呵护这颗蓝色星球。"阿卜杜勒·卡拉姆博士去世前还在印度管理学院西隆分校作最后一次演讲,他强调了改造地球以使其"宜居"的必要性。这意味着,我们必须努力创造一个可持续发展的世界。

9.1 航天界面临的挑战

虽然全球都在积极参与探索太阳系及其外围、寻找地外生命并深入研究探索月球和火星等任务,但我们不能忽视航天界所面临的挑战。

保护地球环境和可持续发展需要在多个领域进行研究,包括大气综合研究、准确预测气候、预报天气、突破地震预警技术、探求适用于全球人口增长的可持续能源的解决方案,以及快速改进全球教育和医疗保健系统。根据世界粮食计划署(WFP)的一项分析,2020 年将有近 2.7 亿人的粮食短缺严重,而在疫情前是 1.5 亿人。进一步分析表明,生活水平处于饥荒边缘的人数已经从去年的 3 400 万上升至 4 100 万。我们应该采取全球联动的方法,利用空间技术解决这些问题。

正如维克拉姆·萨拉巴伊博士所强调的,大型太空计划需要发达国家进行某些"范式转变"、共同努力,用太空之益处造福包括不发达国家 30 亿人在内的全人类。只有在各国间展开强有力的合作,并由各发达国家积极提供技术和资源,这一目标才能实现,坚定有效的跨国合作才可以加速空间科学和技术应用的发展,并在社会应用和太空安全方面迅速取得成果。这样,我们才能承担大规模的全球护理任务。要保持可持续性生活,就必须保护地球免受外部环境(例如小行星、太空碎片)以及内部环境(例如全球变暖、自然灾害)的威胁。我们要解决以下问题:① 来自外太空的威胁;② 来自陆地上人类的威胁。

9.2 来自外太空的威胁

太阳系中的行星诞生于一场始于 46 亿年前的小行星猛烈风暴,风暴持续了大约 5 亿年各行星才稳定在各自恒定的轨道上。具有讽刺意味的是,这一过程最初是为了在地球上散播珍贵的有机化合物以帮助地球上生命的起源,但现在却威胁地球的安全。尽管并非所有小行星都被巨型行星所吞噬,但它们仍然在太阳周围,且大多数因受限于火星和木星之间而形成了"主带"。

欧洲航天局的红外空间天文台(ISO)揭示,这一片区域可能孕育着多达 200 万颗直径超过 1 km 的小行星(见图 9.1)。受行星引力推动,它们可能在被抛出轨道后坠向太阳,便有机会与地球相遇。大型小行星高速撞击地球时,将对地球造成巨大破坏,例如 6 600 万年前那颗毁灭近 75% 物种的小行星。

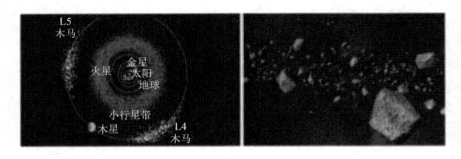

图 9.1 小行星带(图片来源:The expanse wiki-fandom)

除了小行星的撞击威胁外,地球还面临着流星、彗星撞击的危险。这些彗星通常地处遥远,甚至超越冥王星的区域,但它们可能会因经过恒星或巨大气体云而偏离正常轨道。

除此之外,"超新星"还可能对地球构成重大威胁。"超新星"是会爆炸的恒星,其在几周内释放出的能量比其所处星系中数百万颗其他恒星释放能量的总和还要大。各星系大约每世纪都会发生一次这类现象。若"超新星"距离地球不到 30 光年,则强烈的辐射将剥夺地球臭氧层保护力,我们也由此遭受太阳紫外线的严重威胁。

9.2.1 保护地球免受危险小行星的伤害

据信,约 6 600 万年前地球与一颗直径约 10 km 的小行星相撞,导致了希克苏鲁伯陨石坑的形成(该陨石坑位于现在墨西哥东南部的尤卡坦半岛),并引发了白垩纪—古近纪灭绝事件。根据西南研究所(SwRI)的最新研究,这次事件可能是造成大多数恐龙和地球上约 75% 的动物物种灭绝的原因。

虽然短期内发生重大碰撞的概率较低,但若不采取防御措施,最终必定会发生碰撞。

所有偏离轨道的小行星都受到监测,我们知道经常有小行星在地球附近掠过。全球行星防御系统在不断发展,现在能提前约 3 周预警直径大于 40 m 的危险小行星;如果有 2 年以上的准备时间,我们还可以改变直径小于 1 km 的小行星方向。NASA 和欧洲航天局计划启动数项任务来改变可能导致撞击事件的小行星轨迹。

9.2.2 避免小行星碰撞策略

不同的碰撞防护技术需要权衡总体性能、成本效益、故障风险、操作和技术准备等各个方面。小行星轨道调整方法多种多样,可根据其不同属性进行分类,如防护类型(偏转或破碎)、能源来源(动能、电磁力、引力、太阳能/热能或核能)以及接近策略(拦截、交会或远程站)。

战略上大体可分为两种基本方法:① 碎片化;② 偏转。小行星可以被分解成碎片,使其四散并与地球擦肩而过,或者变得足够小而在大气中燃烧。偏离则是利用地球和撞击物轨道会在某一点相遇的事实。地球直径约 12750 km,在轨道上每秒运行 30 km,因此相遇的直径单位距离需要约 425 s(即 7 min 多)。偏离战略即通过适当延迟或提前撞击物的到达时间,并根据确切几何形状来使其偏离地球或进入不同的轨道。

诸如核爆炸或动能撞击器类的直接方法，可以迅速将小行星分裂。这种方式更有效且时间和金钱成本更低，所以常作为首选。相比之下，间接方法（例如重力拖曳机、附加火箭或大质量驱动器）效率更低。一是需要花费很长时间接近小行星并与小行星交会，二是还需要花费很长时间改变小行星运行轨迹使其偏离地球。

NASA 在 2007 年进行的一项关于偏离替代方案的分析中表明：远程核爆比上述间接方法有效 10～100 倍。行星表面或地下核爆炸技术可能更有效，但它们会增加破坏目标成为小碎片的风险，且有更高的开发风险和操作风险。

同年，NASA 发布的一项研究指出，小行星阿波菲斯的碎石堆密度远低于已知数值（1 500 kg/m^3），因此其质量也相应较轻。该研究还假设该小行星将于 2029 年与地球相撞。在此情况下，报告认为可用"摇篮飞船"使其偏离地球。该概念航天器由 6 个 B83 核弹组成，每个核弹的最大当量为 12×10^5 t，可在 2020 年用"宇宙神 5"火箭发射。每个 B83 核弹经熔断，将在距离小行星表面 100 m 高度处一个接一个引爆（隔离距离为物体直径的 1/3），且每次爆炸间隔长达 1 h。该项研究结果表明："单次采用此方法可在撞击前 2 年内使直径为 100～500 m 的小行星进行偏离；而更大的小行星至少需要提前 5 年进行预警。"笔者认为这些有效性数据过于"保守"，仅考虑了 B83 装置产生的热 X 射线，却忽略了中子加热产生的能量对小行星轨道的影响。

9.2.3　清理太空碎片

太空碎片，也叫太空垃圾、太空污染、太空废物或太空残骸，是指在地球轨道上但不再具备实用价值的人造物体。这些碎片包括失效的航天器、废弃的运载火箭上面级，还包括反卫星试验所产生的破坏性碎片（见图 9.2）。除了这些碎片，其他宇宙垃圾还包括因解体、侵蚀和撞击

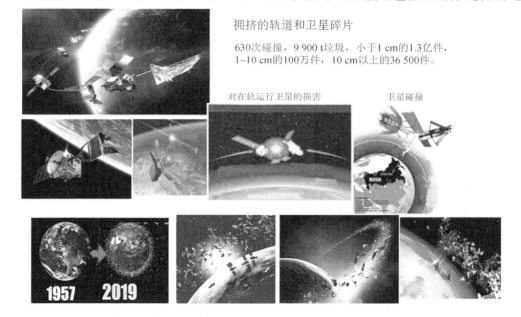

图 9.2　卫星碎片（图片来源：americanscientist. org，news. mit. com，bussinessinaider. com 等）

143

所形成的小型残骸,甚至是油漆斑点、航天器排放的液体凝固以及核动力卫星释放的冷却剂等。

Haystack 和 HAX 雷达位于马萨诸塞州的廷斯伯勒。这些雷达每年能收集 600 h 的轨道碎片数据,是 NASA 关于厘米级轨道碎片的主要数据来源。

这些碎片轨道与航天器常重叠,因此构成了潜在的碰撞风险。目前在地球轨道上运行的碎片有超过 80 万颗(其中 2.5 万颗较大),每一颗都可能对卫星造成损害。每年约有 100 t 技术垃圾不受控地进入大气层,虽然绝大多数碎片能安全地燃烧殆尽,但也有一些碎片会穿过大气层坠向地球。

上面级火箭用尽后会在轨道爆炸从而产生数千碎片,可采用的清理办法即通过释放剩余燃料来钝化已使用的上面级火箭,以降低其在轨道爆炸的风险。

在 GEO 轨道上,卫星寿命结束时可以通过自我移除来避免对空间环境造成进一步威胁。虽然已经确定了"墓地轨道"的位置,但该区域并不能完全保护 GEO 轨道免受碎片影响,因此需要采取相应的措施。火箭助推器和部分卫星会保留足够的燃料以便能进入衰变轨道或被带到大气层,几年后在阻力之下离开轨道。同时也有其他解决方案:如发射时连接电动力系绳或使用帆状结构等方式来实现航天器减速和解决清理空间碎片的问题。然而大多数较小的碎片无法单靠自身力量进行清理。

NASA、欧洲航天局、俄罗斯和中国相关部门都提出了各种直接从轨道上清除这类碎片的建议。我们需要有太空探索活动的国家来清洁太空,并形成一个协调一致的计划。欧洲航天局必须发挥领导作用,将 ITER 或欧洲核子研究中心等其他机构纳入保护伞下。清理范围应包括从捕获大型航天器以减轻风险到用"激光扫帚"清除小碎片。图 9.3 展示了一些可能的碎片清理方法。

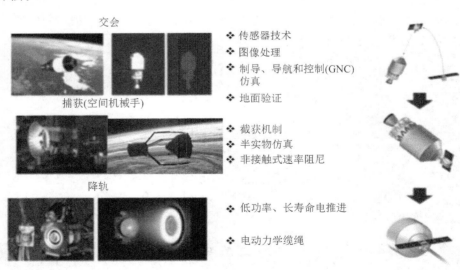

图 9.3　积极清除太空碎片——关键技术

欧洲航天局计划通过全球合作伙伴的共同努力,到 2030 年在地球轨道上建立一支充满活力的航天器舰队,以抵御空间碎片对卫星和人类活动的威胁。该工作包括监控和安全管理"空中通道"的交通,并通过开发和演示自动避撞系统确保单个卫星及大型星座的安全运行,从而最大程度地减少潜在损害。

欧洲航天局计划开发一种在轨服务飞行器(IOSV)，主动进行碎片清除并提供多项卫星维护功能，包括安全脱轨、为卫星加油、操纵卫星等，最终实现延长太空任务寿命的目标。

欧洲航天局的清洁卫星计划旨在减少太空碎片的产生，开发先进技术，通过"报废设计"和促进航天器寿命终结钝化等措施，对卫星储箱和放电电池进行彻底清理，以避免碎片爆炸。清除碎片的不同方法如图 9.4 所示。

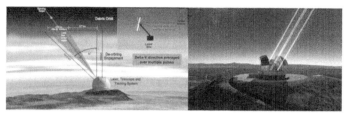

积极清除太空碎片

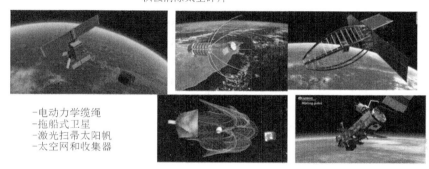

－电动力学缆绳
－拖船式卫星
－激光扫帚太阳帆
－太空网和收集器

图 9.4　清除太空碎片的不同方法

9.3　新商业冒险

在 IOSV 的引领下，欧洲航天局将为全球工业开创一种有价值的新商业模式，不仅能大幅减少空间碎片的产生，更能确保航天飞行的长期可持续性，这将在清洁地球外空间的巨大市场机遇中占据重要位置。

目前在轨运行的有数百颗商业和政府卫星，其中许多电子设备或其他系统在出现故障前燃料就会耗尽，给这些卫星加油便可以延长寿命、节约成本。我们的目标是为轨道航天器加油、修理和服务找到最佳解决方案，随着机器人技术和人工智能的进步，会为在太空中执行这类任务提供相关途径。我们可以在太空中部署机器人进行维修工作，以此延长卫星的使用寿命。太空服务可以涵盖小行星重定向等活动、卫星管理(交通管制)、小行星挠度/重定向、平台在轨装配、天文台在轨检查与维护、空间站维护、推进剂仓库管理等。

9.4 空间系统意识和空间综合安全

最近,NASA 的一些地面控制系统遭受了渗透和破坏,而欧洲航天局的一个地面站则遇到了所谓的"拒绝服务"攻击,无法转发数据。幸运的是,这些网络攻击并未造成持久性损害。然而,这类事件再次证明了确保关键空间系统不会遭受恶意破坏的重要性。

美国有太空军控制并主宰其太空领域。截至 2021 年 1 月 1 日,地球轨道上运行有 3 372 颗现役卫星,为人类提供如导航、通信、地球资源调查和互联网接入等各种重要服务。此外,这些卫星还被广泛应用于军事领域。

欧洲航天局正尝试在 22 个成员国的合作和支持下促进太空安全保障。确保卫星安全对社会和发展中国家至关重要,不仅要防范太空碎片等天基威胁,还要抵御来自地球网络攻击的风险。而可靠安全的通信服务对于灾害响应、国际合作以及向应急机构、政府和非政府组织报告相关情况而言至关重要。

基于各国在太空领域的主导地位,所有航天国家都可以通过联合国安理会建立一个国际航天部队,用以保护世界太空资产,并实现和平利用太空。

9.5 空间天气

欧洲正在研究建立空间天气监测系统,以确保各国能够有效应对来自太阳辐射、日冕物质抛射、耀斑和流星等的威胁。该系统将涵盖位于"拉格朗日五号"点的专用空间天气监测卫星——获取太阳侧面视图、绕地轨道小型卫星——搭载空间天气监测有效载荷、背负式任务中的监测仪器、托管定期任务的有效载荷以及地面上强大的空间天气传感器网络。

9.6 来自陆地上人类的威胁

9.6.1 人口增长

在地球上生活,有两个至关重要的影响因素:首先,不断变化的环境对最贫穷人口影响最大。全球范围内,约一半人口都居住在距海岸线 150～200 m 间的区域,会受到全球变暖等因素带来的严重影响。其次,经济实力较弱的地区更易受到环境传播疾病的威胁。贫穷国家人口增长、二氧化碳浓度上升以及全球变暖和海洋温度升高都会导致环境恶化。

世界人口 2025 年将达到 80 亿,2050 年将超过 90 亿(见图 9.5)。人口增长主要源自非洲、亚洲和南美洲等经济贫穷国家的贡献。30 亿人将饱受缺乏饮用水、清洁空气和适宜的医保的磨难。为了消除因日益增加的空气和水污染所带来的危险,以及温度上升、大自然之"怒"、太空碎片坠落和小行星撞击地球等威胁,我们必须寻找解决方案。因此,首要任务是实现可持续发展,利用技术确保能提供足够的清洁水和能源,增加农产品产量,提高就业潜力,并增强农村经济在内的所有部门权能。

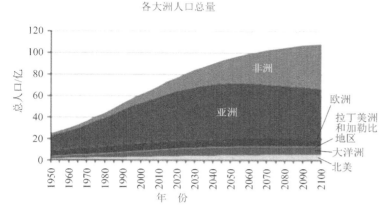

各大洲人口总量

全球人口历史进程

总人口/亿	年　份	间隔/年
30	1959	
40	1974	15
50	1987	13
60	1998	11
70	2011	13
80	2025	14
90	2043	18

图 9.5　人口统计

9.6.2　全球变暖

全球变暖是指地球气候系统的平均温度尺度上升及其相关影响。联合国政府气候变化专门委员会的第 5 次评估报告得出结论,过去 50 年的人类活动导致地球变暖的可能性已超过 95％。科学家们认为,全球变暖是由于温室气体和其他人为排放的气体浓度不断增加所导致的。

由于高浓度的二氧化碳(CO_2)和其他吸热气体,地球的热量被困在大气中,无法释放。这就产生了"温室效应"。

在大气中长期存在且不会因温度变化而产生物理或化学反应的气体被称为"气候强迫"因子,而水蒸气等其他气体则被视为"气候反馈"因子。据估计,全球每年排放 510 亿吨温室气体。尽管人类曾多次尝试减少这类排放和碳印迹,但由于持续扩张而导致全球变暖,地球上的热量便被困住了。

造成温室效应的气体包括：

水蒸气。它是最丰富的温室气体,其反馈作用对于气候变化至关重要。随着地球大气逐渐升温,水蒸气也会不断增加,但同时云层和降雨概率也将随之上升,这使得它们成为了最主要的温室效应反馈机制。

二氧化碳。二氧化碳是大气中极为重要的组成部分。呼吸、火山爆发等自然过程以及如砍伐森林、土地利用变化和燃烧化石燃料等人类活动都会释放二氧化碳。自工业革命之始,大气中二氧化碳浓度因人类活动增加了 47％,此为气候变化最主要的长期影响因素。

甲烷。它是一种结合自然资源和人类活动所产生的碳氢化合物气体,在垃圾填埋场的废物分解、农业(尤其是水稻种植)、反刍动物消化以及家畜粪便管理等方面皆可生成。就分子而言,甲烷比二氧化碳更活跃,但大气中含量较少。

一氧化二氮。它是在土壤耕作实践、有机肥料使用、化石燃料燃烧、硝酸制造以及生物质焚烧等方面产生的强大温室气体。

氯氟烃。这种完全的工业合成化合物有着广泛应用,但因它们可能会破坏臭氧层,且也被认定为温室气体,所以在生产和排放方面受到国际协定的严格管制。

20 世纪,煤和石油一类的化石燃料大量燃烧,碳与空气中的氧结合形成了二氧化碳,从而导致大气中二氧化碳浓度增加。此外,农业、工业以及其他如对土地进行清理的人类活动也使得温室气体的浓度上升。城市森林有助于改善空气质量,通过光合作用从大气中吸收二氧化碳并将其转换为植物结构所需的碳水化合物,释放氧到大气中。二氧化碳是导致温室效应的主要因素,树木则扮演着减轻温室效应并起到"碳汇"作用的重要角色。

一英亩新森林平均每年可以吸收约 2.5 t 碳。每棵幼树每年可吸收 5 kg 的二氧化碳。10 年左右,树木便能达到碳储存的最多产的阶段,预计每年能吸收 20 kg 的二氧化碳。以此速度,它们释放到大气中的氧气足以养活 2 个人,种植 1 亿棵树每年便能减少 18×10^6 t 碳排放。所以,植树仍然是从大气中吸收过量二氧化碳且成本最低的方法之一。在《重新建造森林地球》一文中,世界观察研究所估算,为恢复并维持土壤和水资源的生产力,需要在地球上种植至少 3.21 亿英亩(1 英亩≈6 亩)树木。此外,这些树木每年还能从大气中去除 7.8×10^8 t 碳,并满足第三世界的工业和木材燃料需求。更令人惊叹的是,新树每生长 1 t 就能从空气中去除 1.5 t 二氧化碳并产生 1.07 t 生命所需的氧气。

9.6.3　全球变暖的后果

一些影响后果如下:
- 地球平均气温更高。
- 极端天气频发。总体来讲,气候变暖会导致更多的水蒸发和更大的降水量。但在某些地区情况可能不同,一些地方会变得更潮湿或更干燥。
- 温室效应会导致海洋升温、部分冰川融化,从而引起全球海平面上升。自 1880 年以来的可靠记录显示,目前全球海平面已经上升了约 20 cm。

  预计到 2100 年,受陆地冰川融化和海水变暖的影响,海平面将再上升 2 m。未来几十年内,风暴和潮汐可能与海平面上升、地面下沉相结合,进一步加剧许多地区的洪水灾害。包括纽约、孟买和金奈在内的众多沿海城市将受洪涝灾害,部分地区还可能被淹没。
- 大气中较高的二氧化碳浓度既有促进植物生长的积极影响,也有消极影响。其他因素如温度变化、水分和养分限制就可能抵消潜在的产量增长。温度如果超过作物的最佳生长温度范围,早期的产量增长趋势便可能会下降或完全逆转。
- 干旱、洪水和极端温度等极端气候事件都可能导致作物产量损失,进而威胁全球农业生产者的生计和全球粮食安全。即便是不同作物和生态系统,温暖潮湿的环境、升高的二氧化碳浓度以及气候变化皆可使杂草、害虫和真菌的数量上升。
- 气候变化可能引发新的病虫害模式,对植物、动物和人类产生影响,威胁食品安全和人类健康。

9.6.4　臭氧损耗

由于上述原因,臭氧资源已经枯竭,南极洲上空已出现臭氧空洞。

自本世纪始,全球气候将持续演变,未来几十年的气候变化规模则取决于全球排放的吸热气体量和南极上空臭氧空洞对地球气候的敏感度。据预测,本世纪中叶前,北冰洋的夏季基本无冰。关于南极臭氧消耗情况,请参见图9.6。

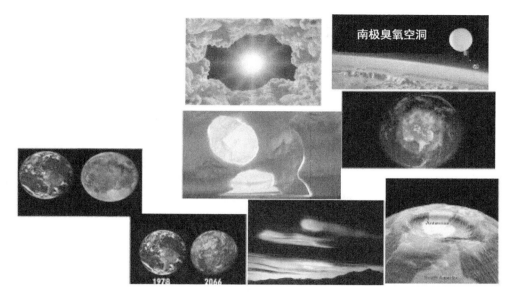

图9.6 南极臭氧空洞

9.6.5 二氧化碳的浓度

准确绘制世界各地的碳平衡图非常必要,这需要确定碳储量、树木覆盖率以及农业温室气体排放量等因素。碳平衡图可以精确预测每个国家和地区的温室气体净排放量,大幅改进现有估算方法。通过基林曲线,追踪当前大气中的碳含量(10^{-6})便可测定。化石燃料燃烧产生的大气碳是导致全球变暖最主要的人为因素之一。

为确定大气中的碳含量,人们每年都会在夏威夷的莫纳罗亚进行多次测量。约于1880年工业革命开始之际,即我们开始燃烧化石燃料之前,大气中的碳含量水平约为270×10^{-6}。

二氧化碳是一种重要的温室气体,如砍伐森林和燃烧化石燃料的人类活动以及如呼吸和火山喷发的自然过程等均会释放。温室气体每年有31%源自水泥制造、钢铁、塑料等大型工业,27%源自电力行业,19%源自动植物代谢,16%源自飞机、船舶、卡车等运输领域,7%源自家庭制冷与供暖。(参考比尔·盖茨的书。)

在过去的171年里,人类活动使得大气中二氧化碳的浓度比1850年工业化前的水平提高了48%,这一数字超过了自然情况下2万年间(从最后一次冰期到1850年,从$185\times10^{-6}\sim280\times10^{-6}$)的变化幅度。

图9.7的时间序列展示了全球对流层中二氧化碳浓度的分布和变化,以10^{-6}为单位。随着时间推移,二氧化碳含量逐年增加,这种情况会持续恶化。过去150年间,工业活动导致大气中二氧化碳含量从280×10^{-6}上升至415×10^{-6}。截至2021年3月,二氧化碳水平已达461×10^{-6}。

$(400\sim450)\times10^{-6}$的碳含量会导致灾难性气候不稳定。按照当前估计的1.2 ℃的温度上升幅度,我们已经处于灾难性气候不稳定的开始阶段。全球平均温度增加约2.7 ℃会导致灾难性气候频发。全球变暖导致的风暴、洪水、季节性破坏、野火和干旱等事故,一个国家要花

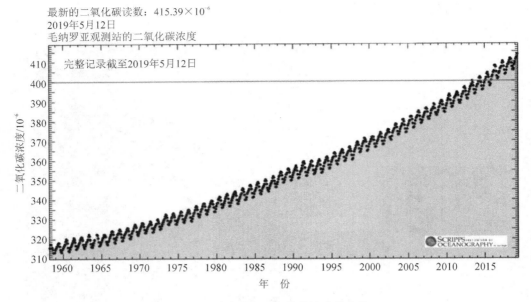

最新的二氧化碳读数：415.39×10⁻⁶
2019年5月12日
毛纳罗亚观测站的二氧化碳浓度

图 9.7　对流层中二氧化碳浓度的变化

费 300～1 000 亿美元来修复。而现在很多灾难性事件已然发生。

9.6.6　温度升高

$(550\sim600)\times10^{-6}$ 的碳含量会导致全球平均温度上升 2.2～2.7 ℃，最高可上升至 4 ℃，从而引发不可逆转的气候变化。到 2100 年，地表温度将上升 3～4 ℃，带来如河流干涸缺水以及臭氧层损耗、增加紫外线辐射等严重后果。

9.6.7　温度曲线

气候变化对农民的影响尤为严重，因此我们需要着重培育适应干旱和洪涝灾害的新品种作物，并采取措施减少温室气体排放。

- 要大规模种植树木，吸收二氧化碳，并鼓励如风能、太阳能和生物燃料等可再生能源的使用。
- 世界各地的燃煤电厂每天都会产生大量的粉煤灰。我们是否能考虑制作一张粉煤灰分布图和城市垃圾分布图？还应思考：如何将这些粉煤灰转化为建筑材料和肥料，并加以有效利用？
- 要绘制全球变暖导致的地球热图。
- 长期以来，科学家们普遍认为，二氧化碳一旦进入大气层中将会停留 100 年左右。然而新研究表明：75% 的碳在几百年到几千年内都不会消失；另外 25% 的碳则将永久存在。可想而知，人类活动制造的全球变暖危机极其严峻，且其持续时间将远超我们的想象。

9.6.8　积极行动

- 积极制造无碳电力。利用太阳能、风能、地热、氢能、水力、潮汐甚至聚变能源发电。此外,还要利用海上风电漂浮式发电站和海水转化为饮用水的技术,甚至可以通过太阳能卫星实现更多可能性。

- 积极鼓励使用电动汽车、储能氢、纳米电池。
- 积极制造城市道路污染吸收器。
- 积极利用废物处理厂发电。
- 积极处理河流水,消除水污染,家庭和办公室内实现水资源的循环利用。
- 积极处理工业废弃物、排放的废气。
- 积极创新碳捕获和清洁大气的方法。
- 积极在城市中大规模植树——实现每年植树 10 亿棵。
- 积极促进新技术创新,建设研发中心,建立有效激励机制。
- 积极推进政府政策、法规、标准、资金和基础设施建设,与上述目标完全一致。

联合国秘书长为各国政府提出了重建经济和社会后应采取的 6 项气候积极行动:

- 绿色过渡:必须投资加快经济各方面的脱碳进程。
- 绿色就业与可持续和包容性增长。
- 绿色经济:确保转型过程对所有人公平且不让任何一个人掉队,以此增强社会和大众的复原力。
- 投资可持续解决方案:化石燃料补贴必须停止,污染者必须为自己的污染案付出代价。
- 应对所有气候风险。
- 合作:没有哪个国家能凭一己之力获得成功。

为应对气候紧急状态,大流行病后的恢复计划要推动长期系统性的转变,由此改变大气中的二氧化碳浓度。

近年来,世界各国政府耗费了大量时间和精力制订相关计划,致力于为人民创造更安全和更可持续的未来。将这些行动纳入恢复计划,有助于全球走出当前的危机并更好地重建。

9.7　地理空间技术促进可持续发展并赋权

印度已在太阳同步轨道成功部署超 25 颗遥感卫星,其中 13 颗正在运行。这些卫星可运用于湿地和荒地测绘、森林覆盖分析、城市规划、海洋资源评估以及作物信息收集等,同时也可监测边境地区的情况。

卫星产生的数据经处理和存储后生成数据库,并通过 ISRO 组织的国家级资源管理系统向数百万印度人提供。此外,印度在世界各地设有多个地面站,许多国家的用户都可以共享所获得的遥感数据,这些数据能够量化提供多个领域的宏观信息。据报道,印度目前可利用的荒地有 4 000 万公顷,而已经使用的耕地面积约为 1.7 亿公顷。最近发布的地下水布局演变报告就是对地观测重要贡献的最好体现。这项单一行动带来了可用水源,许多公民受益。用户反馈显示,使用地球观测数据时,93％的情况下可以确认水源的可用性。需要技术赋权来改善生活条件的不只有印度,还有近 30 亿生活困顿的人。

9.7.1　农　业

全球每 100 人中就有 38 人从事农业。而在最不发达国家,这一比例高达 68％。我们现在所面临的紧迫挑战是:如何利用地理空间技术来提升劳动力潜能并改善其生活水平。可以考虑以下方案:

① 通过优化农田空间利用、精准表征土壤养分含量,以及应对气候变化和天气条件的变幻来提高作物产量。我们是否能够实现全周期作物管理信息端到端的掌控呢?

② 绘制所有水体的含水量、淤积状况图,分析对农田带来福利的潜力,并确保该信息来源经过验证、符合法律要求并定期更新。

③ 利用地理信息系统(GIS)应用程序检测和绘制该区域病虫害的传播情况图,并针对易受影响的区域做好紧急措施预案,更好地进行病虫害和杂草管理。

④ 收获后对冷库、筒仓以及食品市场和农产品市场的管理是目前面临的主要挑战之一。地理空间社区链接可以通过 IVRS 用当地语言为农民提供信息。这种地理空间共同体联系可被视作一项社会事业,政府应该采取行动保护农民的利益。

⑤ 可以通过移动电话并用农民熟悉的语言提供所有信息。仅在印度农村地区就有约 2 亿手机用户,其中大部分用户是农民和渔民,通信网络便可以通过这种方式增强农民耕作和渔民捕鱼能力。

9.7.2　精准农业

该概念旨在利用卫星数据和信息技术(IT)对农作物的田间和田内变异进行观测、测量并做出响应。

这种方法不仅能够确定最佳生产力的作物和土壤需求,同时也能够保护资源,确保环境的可持续性。这一过程一旦进入常规农业,将有助于解决农业中最重要的问题:资源浪费、高成本以及对环境的破坏性影响。

近年来,数字技术在精准农业中的应用不断优化了农民对于作物和农田的管理方式。即使普通人也能明显感受到这项技术是如何改变农业概念,让其更具营利性、高效性、安全性和简便性的。其中,农民们选出了他们心目中最佳的 5 种技术:

- GIS 软件和 GPS 农业。
- 卫星图像。
- 无人机和其他航空图像。
- 农业软件和在线数据。
- 合并的数据集。

显而易见的是,现代农场从不断发展的数字农业中获得了巨大的好处,包括降低水、营养物质和肥料的消耗;减少对周围生态系统的负面影响;减少化学物质流入当地地下水和河流;提高效率并降低成本;实现智能化管理以及可持续性发展等多方面优势。下面主要探讨其中的一些先进技术。

通过空间图像和解释工具,农民可以精确识别问题区域,并确定在目标区域采用何种方法并计算最佳时间。

9.7.3   精准农业的基本技术

- 可变比率技术（VRT）是一种允许农民在特定的农业区域内控制投入数量的技术方法。该技术使用专门的软件、控制器和差分全球定位系统（DGPS），主要有手动、基于地图或传感器数据三种实现方式。
- GPS 土壤采样。该方法基于采集的土壤样本，检测其中的营养物质、pH 值和其他数据，从而为农业生产中做出效益更高的决策提供支持。该方法通过收集大量抽样数据并进行计算分析，可以优化播种和施肥方案的可变性。
- 基于计算机的应用程序。可用于创建精确的农场规划、田地地图、作物侦察和产量地图，并帮助定义适宜的田间投入量。这种方法对环境友好，能降低成本、提高产量。然而，由于数据集成到其他支撑系统中存在困难，因此这些应用程序在大型的精准农业解决方案中价值较小。
- 遥感技术。可在特定时间内，依靠无人机和卫星提供数据，通过确定威胁作物的因素来估算土壤中的水分量。而卫星图像比无人机数据更易获取且用途更广。

精准农业可通过传感器进行远程控制和管理，也可借助无人机和卫星实现空中监视。遥感技术中，卫星图像最具优势，可用于在线作物健康监测、数据获取、处理与分析。印度区块开发办公室能够存储完整信息、接收历史数据、比较分析结果，最后生成报告并共享给所有参与实地管理过程的相关方（如农民、农学家、实地工作者、保险公司以及贸易商等），详见图 9.8。

图 9.8   掌握信息的用途

1. 生长阶段信息

掌握植物生长周期的相关信息后，农学家们可在化肥、杀虫剂、杀菌剂的选择、应用，以及灌溉、排水系统分配时及时解决问题，胜任自如。

2. 基于生产力水平的区域划分

田地在土壤组成、所需养分、保水能力以及其他方面存在差异，因此，采用田地分区技术是最佳实践，建议使用不同方法确定土地用途和处理方式。

通过对实时卫星图像和历史数据进行比较分析，我们可以发现其中的相似之处并从中获得规律性，可能会有巨大收益。

3. 物联网

物联网(IoT)和机器人已经在许多领域取代人类,农业也不例外。目前,许多应用程序计算的每英亩种植材料数量或所需的营养物质数据比人类计算更准确。以农业为例,我们可以通过电话获取作物状况和天气预报。

实现自动驾驶的机器具备足够智能,可准确区分杂草与植物,以及水果成熟与否。

4. 地理信息系统

GIS(地理信息系统)软件在精准农业方面是一个非常有用的工具。通过 GIS 软件,农民可以绘制当前和未来降水、温度、作物产量和植物健康等方面的变化情况。此外,它将基于GPS 的应用程序与智能机械相结合,优化施肥和喷洒农药程序;考虑到有时只需处理某些区域,不必处理整个田地,该系统更能节省金钱、精力和时间。

基于 GIS 的农业还有一个重要优势,即利用卫星和无人机从鸟瞰角度收集与植被、土壤状态、气象和地形相关的宝贵数据,极大提高决策的准确性。

通过监测作物,人们可以将整个数据集存储在一起,获得有关天气条件、植物发育阶段、播种或施肥的最佳数量和时间、GIS 区域划分等详细而全面的分析。这款智能软件可报告天气预测、作物状况及其生长过程中的异常情况,从而避免损失。

有了相关信息和有效建议,我们就能充分利用农场,减少种子和化肥的投入,为自然保护做出贡献。

数字平台采用卫星监测,帮助加速农民的决策过程,确保他们不会错过田间处理的关键节点。以下是这些平台的一些功能:

作物监测可利用归一化植被指数(NDVI)追踪作物健康状况,此外还具备侦察应用程序的重要功能。通过卫星图像获取植物状态数据、分析气象数据、数字田野地图和桌面应用程序,可以使农民精确灌溉,防止霜冻或热损害。

农业技术正在以跨越式发展迈向未来。这些技术为农民提供了实质性帮助,优化投入,简化农场管理,提高生产率。产量的增加和维护成本的降低有助于提高利润率。

9.7.4　渔　业

印度国家海洋信息服务中心每周会两次收集海洋温度和叶绿素颜色等卫星数据,通过短信、无线电波或调频等通信手段传回登陆站,利用卫星通信向渔民提供潜在渔区的相关信息,传送至每个登陆站点,并向渔民展示有关渔区位置、距海岸线的距离、裸露部分以及深度等详细信息(见图 9.9),帮助渔民获得更多捕鱼收成。

9.7.5　水资源和土地资源

人为或自然灾害造成了各种形式的水资源管理不善,世界水资源正面临着潜在威胁。全球气候变化改变了环境动态,改变了陆地、河流和沿海地区的地理区域,导致洪水和干旱在不同维度和季节发生变化。深层水的储备正在以惊人的速度减少,且未得到适量补充;同时,污染物、沉积物和废水还对水质产生影响;由于侵蚀作用,河道被堆积物所阻塞。这些问题都需要保持观察并加以改进。当然,在局部乃至全球范围内利用地理空间技术,对这些资源进行监测、测量、建模以及管理也是可行的。

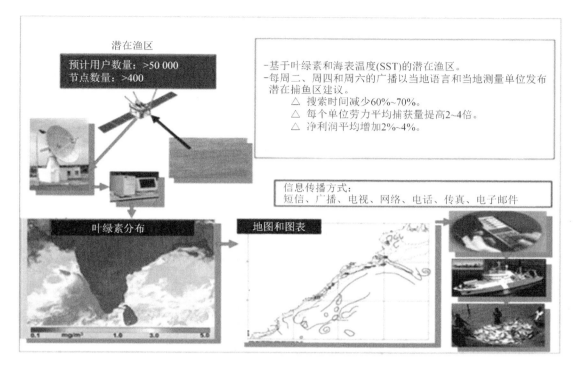

图 9.9 潜在渔区

世界上的航天大国已广泛部署海洋卫星,而印度则拥有一系列用于勘探各类海洋财富的卫星。为促进全球治理,我们须制定人们普遍接受的公共政策、规范来使用这些先进设备。

跨学科数据收集旨在从不同规模和分辨率的各平台和仪器上收集不同研究地点的数据,涵盖沿海上升流区域、海底扩散中心、热带风暴和飓风形成地以及石油泄漏发生地等多个领域,将面临许多挑战。因此,我们将继续使用各种方法来组织、挖掘和转换元数据中的信息,以便数据信息的维护和交换能适应远距离、长时间传输的特点。其中,由印度遥感部门运营的Bhuvan 提供一系列服务,各种专题数据的可视化均依托于卫星数据。

9.7.6 Bhuvan——印度地球观测数据和服务的独特门户

地理信息系统和遥感技术是海洋科学中的关键技术。众所周知,"位置,位置,还是位置"在地理信息领域至关重要。然而,在海洋环境中,"时间"才是最重要的因素,尤其在海底或更深的部分等无法通过卫星、全球定位或其他方式找到的区域,只有凭借精确计时才能确定位置。此外,数字多媒体广播卫星(S－DMB)和遥感技术、GIS 空间分析相结合还可解决许多技术难题。

9.7.7 地理空间金字塔结构

地理空间金字塔结构的可视化涉及数据获取、信息增值、将知识和智能最终传播给目标用户。这些用户被统称为用户社群,位于金字塔底部,是所有经济活动的重要环节。

我们现在要再关注如何运用 21 世纪的技术解决那些仍停留在 18 或 19 世纪的问题。我们必须重新思考,对于 30 亿农村人口所面临的挑战,地理空间技术能发挥怎样的作用,并帮助释放技术潜力,在不破坏周围环境的前提下创造更美好的人类生活。

我们面临的另一挑战则是为全球 30 亿农村居民提供城市级别的优质设施。这项任务十分紧迫,但有助于弥合贫富差距和城乡差异,因为目前获取基本设施(如清洁水、营养食品和医疗保健)所需支付的最高单位成本都由世界上最贫困的人们承担着。那么问题来了,地理空间共同体通过完成以下几项任务是否能解决这一 21 世纪的社会现实问题?

① 帮助确定地区的饮用水供给状况,包括过量供应、地下水供应、污染情况、水传播疾病以及使用数据参数,为绘制饮用水情况布局图打下基础。

② 帮助确定当地发电能力的"热点",包括废物能源、可在荒地上种植的生物燃料能源和小型水力发电厂等,增强当地社区的能力,为绘制本地能源情况布局图打下基础。

9.7.8 生产清洁能源

另一重要方面是能源安全,不使用化石燃料尤为关键。目前,约 86% 的能源生产都依靠化石燃料,而仅有 14% 的能源来自可再生能源和核能。在此情况下,我们必须寻求创新之路,减少化石燃料生成的电力消耗,加速可再生能源系统的部署。

太阳能、风能、氢能以及海流波和热梯度等可再生能源将成为未来能源的主要来源(见图 9.10)。

图 9.10 清洁能源的来源

印度拥有 9 亿手机用户和 25 万个手机信号塔,这些设备每年消耗近 20×10^8 L 柴油发电。如果我们将这些设施转换成太阳能系统,就可以节省约 17 亿美元,抵消 5×10^6 t 二氧化碳排放量,还能获得碳信用。如果我们之后将 60 万个村庄(7 亿人口)全部改造为太阳能住宅和太阳能路灯,那么该领域的化石燃料使用量可能会减少约 60%。

第 10 章　系外行星,地球 2.0

过去数百万年间所发生的事件证明,地球一直受到来自太空和大自然的攻击。6 600 万年前,一颗长达 10 km 的小行星撞上了墨西哥尤卡坦半岛,碎片四起,导致全球的恐龙和其他物种灭绝。在人类出现前约 7.5 万年,印度尼西亚发生了巨大爆炸,有毒的火山灰、烟雾和碎片四散,导致亚洲和非洲几乎所有物种死亡。将来,100 万年过去后,地球可能会像火星一样变得贫瘠,或因被厚冰层覆盖而不适合居住。最终,大自然可能会攻击人类,并像其对 99.99% 已消失的生命形式所做的那样,将人类从地球上消除。自然规律如此,这样的结局无法避免。此外,还存在一个长期事件:太阳爆发成红色恒星并摧毁一切。我们是否真正认清问题? 是否能在太阳系外定居?

如果我们物种的长期生存面临危险,我们就有责任去冒险、去探索其他世界——卡尔•萨根

人类已经对近 5 000 颗生活区内的系外行星用望远镜观察进行了定位。本章将介绍其中的一部分。

10.1　可居住区域的系外行星

10.1.1　开普勒- 186f

在"宜居带"中,天文学家已经探测到了许多地球大小、绕着距太阳最近的恒星运转的行星。其中,开普勒-186f(见图 10.1)是第一个被发现的行星,其表面可能聚集有液态水。开普勒-186f 的发现证明:除太阳以外,其他恒星宜居带内存在地球大小的行星。

简介:

开普勒-186f 是一颗绕红矮星(开普勒-186)运行的系外行星,距地球约 582 光年。这是在另一颗恒星的宜居带内发现的第一个半径与地球相似的行星。

半径:7 454.1 km;

轨道周期:130 天;

发现时间:2014 年 4 月 17 日;

发现者:Elisa Quintana;

温度:188 K(−85 ℃)。

10.1.2　开普勒- 62f

通过 NASA 的开普勒太空望远镜进行观测,天文学家发现了 2 个新的行星系统,其中包括 3 颗超级地球。

图 10.1　开普勒-186f

　　开普勒-62f 是一颗超级地球大小的行星,其位于一个比太阳更小、温度更低的恒星宜居带(NASA Ames/JPL - Caltech),如图 10.2 所示。该行星系统坐落于天琴座,距离地球约 1 200 光年,并拥有 5 颗系外行星——62b、62c、62d、62e 和 62f。

图 10.2　开普勒-62 和太阳系(NASA Ames/JPL - Caltech)

其中 4 颗行星被归类为超级地球，比地球更大，但比太阳系中最小的巨型气态行星还要小。

10.1.3　开普勒-62e

开普勒-62e 是一颗地球大小的超级行星，其位于一个比太阳更小、更冷的恒星的宜居带（见图 10.3）。

图 10.3　开普勒-62e(NASA Ames/JPL - Caltech)

这些系外行星的半径分别是地球的 1.3 倍、1.4 倍、1.6 倍和 1.9 倍。

根据《科学》杂志在线发表的一篇论文可知，开普勒-62 中的两个超级地球 62e 和 62f 绕其恒星公转，它们从其恒星接收的热量分别为地球从太阳接收热量的 41% 和 120%。

因此可以得出结论，这些行星位于恒星的宜居带；其表面温度适宜，能维持液态水，从理论上讲有利于生命的存在；且理论模型表明，两者可能都呈固态，要么是岩石，要么是岩石带有冰冻水。

华盛顿卡耐基研究中心的艾伦·博斯博士曾在《科学》杂志上合作发表关于开普勒-62 系外行星发现的相关论文，他指出："这似乎是我们团队迄今为止在类太阳恒星的宜居带中发现类地行星的最好例子。"

10.1.4　开普勒-69c

开普勒-69 行星系统位于距离地球 2 700 光年的天鹅座，其中包含 69b 和 69c 两颗行星，详见图 10.4。

开普勒-69c 在开普勒-69 的宜居带中运行，其直径比地球大 70%。尽管天文学家对该系外行星的组成并不确定，但它与我们的邻居金星相似，围绕一颗类太阳恒星旋转，轨道周期为 242 天。

图 10.4　开普勒-69 和太阳系(NASA Ames/JPL - Caltech,
开普勒-69b 也被称为 KOI 172.02 行星)

10.1.5　开普勒-22b

开普勒-22b 是一颗系外行星,因其备受开普勒望远镜关注而另称为 KOI - 087.01,其在类太阳恒星的宜居带内运行。该天体位于天鹅座,距地球约 638 光年(见图 10.5)。

半径:15 290 km;

轨道周期:290 天;

发现时间:2011 年 12 月 5 日;

温度:295 K(22 ℃;71 ℉);

检测方法:凌日。

图 10.5　开普勒-22b

10.1.6　特拉比斯特-1

特拉比斯特-1是一颗超冷红矮星,其半径略大于木星,质量为木星的 84 倍。该恒星位于水瓶座,距离太阳 39.6 光年。

与地球的距离:39.46 光年;

表面温度:2 550 K;

半径:84 180 km;

质量:1.77×10^{29} km(0.089 $M_{\odot}$);

坐标:RA 23 h 6 min 29 s|12 月-5°2′29″;

光度(目视,LV):0.000 003 73 L。

通过 NASA 的斯皮策太空望远镜和地面望远镜,天文学家们发现该系统有 7 颗行星,其中 3 颗位于理论上的"宜居带",该区域可能是恒星周围岩石行星拥有液态水最多的区域。2017 年 2 月 22 日,NASA 的哈勃太空望远镜公布了这一具有里程碑意义的发现。特拉比斯特-1b 和 c 不太可能拥有以氢为主的大气,这和我们在气体巨星中观察到的情况不同。

恒星的年龄对于探索周围行星的生命体至关重要。2017 年 8 月的一项研究中,科学家们指出特拉比斯特-1 的年龄介于 54 亿～98 亿岁之间,是太阳系形成时间(45 亿年前)的 2 倍。详情请参见图 10.6 和图 10.7。

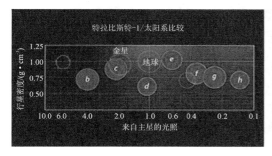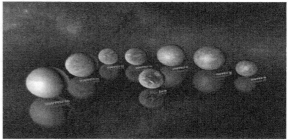

图 10.6　特拉比斯特-1 行星系相对大小、密度和照明与太阳系内部行星的比较

图 10.7　特拉比斯特-1 行星系

名为特拉比斯特-1 的地球大小的行星已被证实是岩石行星。在多个地面望远镜,包括欧

洲南方天文台甚大望远镜的协助下,斯皮策望远镜确认了 7 颗行星的存在。研究小组利用斯皮策提供的数据,精确测量了这 7 颗行星,并首次估算出其中 6 颗行星的质量以推断它们的密度。其密度计算结果表明,所有特拉比斯特-1 系列行星中可能都是岩石类行星。进一步的观察不仅有助于确定行星是否含水分子,还能揭示行星表面液态水的分布情况。最遥远的第 7 颗系外行星尚未经过质量估算——科学家们认为它可能是一个冰冷的"雪球"世界,但还需要进行更深入的观察。

10.1.7 2020 年的新发现

TOI 700d(见图 10.8)是一颗地球大小的系外行星,它在红矮星 TOI 700 的宜居带内运行,可能是岩石行星。该行星位于多拉多座中,距离地球约 101.4 光年(31.1 pc),是凌日系外行星勘测卫星(TESS)在宜居带发现的第一个地球大小的系外行星,也是该系统中离恒星最远的天体。

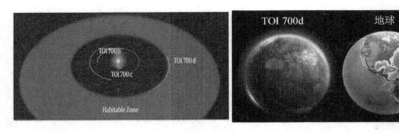

图 10.8 TOI 700d 与地球

TOI 700d 绕其主星运行,两者相距 0.163 AU(即 2 440×10^5 km),轨道周期约为 37.4 天。该行星的质量是地球的 1.72 倍,半径约为地球的 1.19 倍。据估计,它接收到的能量相当于地球从太阳接收到能量的 86%。

根据尺寸标准,已知半径或质量最接近行星质量的天体如表 10.1 所列。

表 10.1 系外行星大小的比较分析

名　称	地球质量比	地球半径比	备　注
开普勒-69c	0.98	1.7	最初认为它位于星周宜居带(CHZ),现在被认为太热了
开普勒-9d	>1.5	1.64	极热
COROT-7b	<9	1.58	
开普勒-20f	<14.3	1.03	体积稍大,质量可能更大,太热了
Tau Ceti b	2		非常热,不知道会过境
开普勒-186f	—	1.1	轨道在可居住区域
地球	1	1	轨道在可居住区域
金星	0.815	0.949	很热
开普勒-20e	<3.08	0.87	太热而不像地球
比邻星 b	>1.27	>1.1	离地球最近的系外行星
特拉比斯特-1,1c,1d,1e	1e$^{-0.7}$	0.92	距离地球近 40 光年。6.1 天的轨道时间

从表 10.1 中对比可知,仅凭大小衡量是不够充分的,特别是宜居性方面更不充分。温度

也必须被考虑在内，因为金星和半人马座阿尔法 B 星（2012 年发现）、开普勒-20（2011 年发现）、COROT-7（2009 年发现）以及开普勒-42 行星系中的三颗行星（均于 2011 年发现）都极其炎热，而火星、木卫三和土卫六则相对寒冷，从而导致了各种星球表面现象和不一样的大气条件。太阳系卫星质量只是地球质量的小部分，且要测量太阳系外行星的质量非常困难。然而，类地行星尺寸与地球相似的这一发现十分重要，因为它可能会揭示类地行星的存在频率以及分布情况。

当前的目标是在行星系的宜居带（有时也称为适居带）中寻找地球大小的行星。带有海洋的巨型行星有地球大小的卫星，但这种"卫星"的真实性仍需考证。要探测这些天体，开普勒望远镜须具备足够的灵敏度。据推测，银河系中由水和岩石组成的行星很可能非常常见。

10.2　可能的地球 2.0

10.2.1　特拉比斯特-1 行星

如上所述，特拉比斯特-1 位于水瓶座（水之运载者）的红圈内。星系中心的恒星于 1999 年经 2 μm 全天空巡天（2MASS）所发现，之后，它被列入目录，命名为 "2MASS J23062928 - 0502285"。

特拉比斯特-1 星系的恒星和 7 颗行星：2016 年，天文学家利用位于智利的欧洲南方天文台的凌日行星和小型望远镜（特拉比斯特）发现了 3 颗内部行星。2017 年，又发现了 4 颗外层行星。这 7 颗行星都有可能适合人类居住。

如今，最新研究结果缩小了这些行星的质量范围，并证实它们均由岩石构成，且和小型天王星和海王星不一样，没有延伸的大气层。此外，其中 5 颗行星的密度表明，星上存在丰富的水资源，我们都知道，水对生命至关重要。

瑞士伯尔尼大学空间与宜居中心的西蒙·格林领导的天文学家们利用一种被称为凌日计时变化（TTVs）的现象，对行星质量进行了迄今为止最精确的计算。要解算行星质量的数据，就需要编写新的代码来处理 35 个不同的参数，其中，每个系外行星涉及 5 个参数：质量、轨道周期、偏心、近日点参数（系外行星近日点位置与倾斜轨道穿过黄道平面之间的夹角）以及平均异常（在任何给定时间计算系外行星在其椭圆轨道上位置所需的角度）。

该代码生成了多种解决方案。格林团队经过精挑细选，最终确定了最适合观测数据的配置。

7 个行星中，"c"星质量最大，距离恒星第二远，其质量是地球的 1.156 倍。而"d"星质量最小，不到地球质量的 1/3。通过凌日现象我们便可以推算出这些系外行星的半径，并结合其半径和质量计算密度。

有趣的是，根据密度，这 7 颗行星的构成虽然都以岩石为主，但含水量高达 5%。相比地球上仅占 0.02% 质量的海洋而言，其含水量更丰富。然而，特拉比斯特-1 系外行星上是否存在广阔深邃的海洋还需进一步观测，无论是形成于稠密潮湿的大气还是分布于行星内部均未得知。而据格林所述，"e"星的温度最接近地球。

该行星的质量为地球质量的 77%，但密度更大。这表明它拥有巨大的铁核和可能比地球还稀薄的大气层。

还稀薄的大气层。

科学家证实，特拉比斯特-1"仍然为我们研究太阳系外地球大小的世界提供了最佳机会"。这项研究已在《自然天文学》和即将发表在《天文学和天体物理学》上的一篇论文中得到认证。

10.2.2 比邻星 b

比邻星 b 是一颗环绕红矮星-比邻星宜居带运行的系外行星，而比邻星则是距离太阳最近的恒星之一，也是三重恒星系统中的成员。其距离地球所在的半人马座约有 1.28 s 差距、4.2 光年（即 4.0×10^{13} km），因此与比邻星 b 并列，是目前已知距离太阳系最近的系外行星（见图 10.9）。

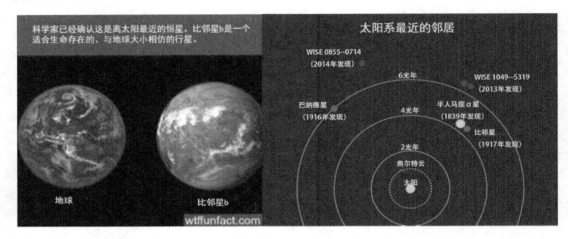

图 10.9 比邻星 b 与地球的比较

比邻星 b 围绕恒星运行的距离约为 0.05 AU（750×10^4 km），轨道周期约为 11.2 天，其质量至少是地球的 1.2 倍。它受恒星风压的影响比地球受太阳风的影响大至少 2 000 倍，且它的宜居性还未得到明确认定。

2016 年 8 月，相关人员宣布，通过径向速度法探测到了该行星。该方法以母星的谱线周期性多普勒漂移来揭示绕轨道运动物体的存在。据读数显示，母星相对于地球每秒变化 1.4 m 左右。根据西班牙天文学家 Guillem Anglada-Escudé 的研究，这颗行星为该恒星创造了机器人进行太空探索的热门项目，且至少"在未来几个世纪"内皆与地球接近。

由于轨道倾角未知，比邻星 b 的确切质量也无从得知。若其轨道近乎侧面，则其质量为 $(1.173\pm0.086)M_{\odot}$（地球质量）。值得一提的是，地球的地幔含有与海洋等同量的水，据统计，该行星质量有 90% 的可能性小于 2.77 $M_{\odot}$。

10.2.3 TOI 700d

接下来我们的任务应该是从各个角度对生命适宜性进行全面分析。现今，科学家们已在距太阳几光年远的不同恒星宜居带中发现了 4 500 多颗行星。NASA 和欧洲航天局都有专门研究系外行星的望远镜，比如 NASA 的轨道太空望远镜。

后　记

拯救地球需要全球空间视角。

历史证明，战争是人类验证民族霸权的诅咒。它可能基于种族、领土或宗教；用于彰显超级大国地位或用于政治领袖生存；或者源自人类的好战本性。尽管英雄们在战争中备受推崇，但所有帝国都已消逝殆尽。如今，地球已从一个角斗士的世界转变为更加文明的世界。但是，在边境纷争、陆海主权和某些区域内军事统治等方面仍存在冲突。

我们应该向欧洲学习。得益于政治意愿、工业经济和改善生活、技术适应等多种因素，曾经战火纷飞的国家通过欧盟找到了共同的生存方式。然而，这些工业发达国家以及美国对全球变暖和南极洲上空的臭氧空洞影响最大，7 国集团和 20 国集团几十年来的讨论并未取得实质性进展。而在亚洲、非洲和南美地区，还有近 30 亿人口正在遭受贫困之苦，卫生、教育、就业以及住房、基础设施等方面都存在巨大缺陷。发达国家除了早期统治、夺走国家资源、出售武器和运转自身工业外，并没有为其提供帮助。现在到了让发达国家汇聚资源注入这些地区、满足 30 亿人过上合理美好生活需求的时候了。作为援助者，发达国家不应从事商业活动。遗憾的是，联合国无法强制要求大型经济体为较弱经济体做出重要贡献，更无法强制要求他们在消除地球上的贫穷方面做出更多努力。

这本书的初衷不仅在于向学生传授火箭科学知识，更在于让更多的人认识到保护我们的地球所面临的挑战。为了人类长期生存而团结起来，是所有国家必须追求的共同目标。地球绝不能变得像贫瘠、无人居住的火星一样。正如卡尔·萨根所评估，地球是唯一一个最适宜生命存在和发展的星球，因此，保护地球就成为了我们子孙后代应尽之责任。全人类需要一个能够超越冲突、分歧，能够克服超级大国野心、军事建设和边界问题等种种障碍的崇高愿景，在实现全球人民的共同追求、实现和平繁荣的征程上齐心协力。泰米尔诗人早在 2 000 年前就已经明白：YADUM OORE YAVARUM KELIR（所有国家都是一个；所有人都是一家人）。

人类的唯一愿景应该是创造一个适合多代人居住的地球。

很久以来，只要太阳照耀着地球，人类就必须生活在和平、幸福和繁荣的环境中。这意味着得有充足的饮用水、无污染的空气、未使用有机农药的农业，并提供良好的教育、就业和全民医疗。

南极上空的臭氧空洞必须被封堵，而太空技术应该仅限用于人类进程之中，而非军事目的。各种碎片必须清理干净，地球才能“微笑”。在当下，全世界得种植 400 亿棵树，才能将每年 51×10^8 t 的二氧化碳转化为氧气。

人类要拯救地球母亲，让我们的子孙后代过上更好的生活，愿景就得比任何国家迄今所设想到的更伟大。全世界所有国家都应团结起来，共同实现这一目标并付诸行动。

术语表

以下为书中反复出现的相关技术术语。

作用力：作用于物体上的力（推力或拉力）。

主动控制：火箭上控制火箭飞行方向的装置。

反弹道导弹：一种用于拦截和摧毁飞行中的弹道导弹或其弹头的导弹。作为导弹防御系统的一种形式，在现实条件下进行测试时，也是唯一可行的选择。

姿态控制火箭：用作主动控制的小型火箭，用来改变火箭或航天器在外太空面对的姿态（方向）。

弹道导弹：经动力推进，一种沿长抛物线弹道飞行的导弹，在向上凸起的轨迹中穿越大气层并回落，以精准打击预定目标。

黑火药：木炭、硫磺和硝石（硝酸钾）的混合物，类似于火药，但不完全相同。从中世纪到20世纪初，黑火药是标准的火箭推进剂。

助推器：从技术上讲，是一种独立的火箭发动机，被设计安装在火箭或导弹上，在发射时提供额外的动力。它也被用来指代运载火箭，如"PSLV 助推器"、"阿特拉斯助推器"或"联盟号助推器"。

鸭翼：位于火箭头锥的可移动的小鳍。

外壳：固体推进剂火箭的主体，用来装推进剂。

质心：物体的质量以其为中心的点。

压力中心：物体表面以物体表面积为中心的点。

CEP："圆形误差可能性"的首字母缩写，用来衡量导弹的精度。导弹的 CEP 是一个以给定目标为中心的圆半径，击中该目标的导弹有 50% 会落在这个半径内。

腔室：火箭内部推进剂燃烧的腔体。

燃烧室：液体火箭发动机中燃料和氧化剂结合燃烧的部分。

冷发射：在舰船上和一些陆基导弹发射井中使用的一种发射技术，通过充注压缩气体将导弹从储存容器中喷射出来。导弹自身的发动机只有在它完全脱离容器时才会点火，与"热发射"相对应。

巡航导弹：形状像小飞机的制导导弹。典型的巡航导弹有某种形式的机翼和尾部，并使用喷气发动机作为主要推进系统（尽管它也可能有用于起飞的助推火箭）。

阻力：大气中的摩擦力，它"拖动"火箭以减慢其飞行速度。

逃逸速度：物体逃离地球引力所必须达到的速度。

舱外活动：太空行走。

翼：位于火箭尾端的箭状翼，用来稳定火箭飞行。

燃料：与氧化剂结合燃烧并产生推力的化学物质。它是火箭推进剂的两个主要成分之一（另一个是氧化剂）。早期的液体火箭使用汽油、煤油和酒精等燃料。20 世纪 40 年代早期的固体燃料火箭使用沥青及其类似的化合物。"燃料"有时被随意地用作"推进剂"的同义词，如"液体燃料和固体燃料火箭"。

万向节喷嘴：用于主动控制的可倾斜火箭发动机喷管。

制导系统：在飞行中操纵导弹的电气与机械系统。导弹中使用的制导系统类型根据所需任务、导弹大小和可用技术而有所不同。主要制导机理可分为如下几类。第一类（热寻、雷达寻）将导弹直接锁定在目标上。第二类（惯性）通过测量和修正导弹偏离预定路线的偏差，使导弹保持在预定路线上。第三类（卫星、地形跟踪）通过参考外部来源来操纵导弹。

热发射：导弹被自身的废气从发射井中推出的一种发射，与"冷发射"对应。

ICBM："洲际弹道导弹"的首字母缩写，射程超过 5 500 km。

点火器：点燃火箭发动机的装置。

喷注器：类似喷头的装置，把燃料和氧化剂喷入液体火箭的燃烧室。

隔热层：保护火箭外壳和发动机喷管不受高温影响的涂层。

IRBM："中程弹道导弹"的首字母缩写，射程在 3 000～5 500 km 之间的导弹。

千吨（kt）：用于测量核武器爆炸威力或"当量"的单位，相当于 1 000 t 常规炸药 TNT。与"百万吨"相比。

运载火箭：由制导系统操纵的火箭动力运载工具，旨在将卫星或宇宙飞船从地球表面送入太空。

液体推进剂：液体形式的火箭推进剂。

质量：物体所含物质的总量。

质量分数（MF）：火箭中推进剂的质量除以火箭总质量。

百万吨（Mt）：用于测量核武器爆炸威力或"当量"的单位，相当于 100 万吨（1 000 t）的常规炸药 TNT。

微重力：一种环境，赋予物体的净加速度，与地球在其表面产生的加速度相比很小。

分导式再入飞行器（MIRV）：一枚携带分导式多弹头的导弹可以打击多个目标。这个首字母缩写词也用作形容词（"该条约限制 MIR - ICBMs"）和动词（如果俄罗斯也选择对其 SLBM 进行分导式分导，该条约将使局势处于危险之中）。

导弹：一种由制导系统操纵并用作武器的火箭动力工具。（比较一下"运载火箭"和"火箭"。）

运动：物体相对于周围环境的运动。

可动翼：可以移动以稳定火箭飞行的火箭翼。

整流罩：火箭的锥形前端。

火箭发动机喷管：位于火箭下端的钟形开口，热气流通过它喷出。

氧化剂：一种含氧化合物，它能够在大气层和太空真空中促进火箭燃料的燃烧。作为火箭推进剂的两个主要成分之一（另一个是燃料），氧化剂提供了所需的氧气，使得火箭可以在真空环境下运行。相比之下，喷气式发动机和其他"呼吸式"引擎则利用大气作为其来源。

被动控制：固定的装置，如固定的火箭翼，使火箭在飞行中保持稳定。

有效载荷：火箭运载工具所携带的"可自由支配的"货物（科学仪器、卫星、航天器等），或者更具体地说，它所能携带的货物重量。导弹的有效载荷——制导系统和弹头的总重量——通常被称为"投掷重量"。有效载荷是推力的函数，给定导弹或运载火箭的有效载荷根据所需的射程或高度而变化。

推进剂：燃料和氧化剂的混合物，燃烧产生火箭推力。它是火箭燃料和氧化剂的总称。推进剂可以是固体的（在这种情况下，燃料和氧化剂在放入火箭外壳之前混合），也可以是液体的（在这种情况下，它们分开携带，在点火前在燃烧室中混合）。

泵：把液体燃料和氧化剂输送到火箭燃烧室的机械。

射程：

① 火箭或导弹所能飞行的最大水平距离，是推力和有效载荷的函数。

② 发射火箭和导弹进行测试和研究的无人居住区域，例如 ISRO 的斯里赫里戈塔火箭发射站、DRDO 的综合试验场、昌迪普尔海上试验场。

反作用：与实施某一动作相反方向的运动。

再入飞行器：弹道导弹可分离的机头部分，设计用于在弹头落向目标时保护弹头（使其更容易操纵）。参见"分导式再入飞行器"。

再生冷却：利用液体燃料的低温来冷却火箭发动机喷管。

静止：物体相对于周围环境不运动的状态。

火箭：

① 通过向相反方向加速粒子流（工作流体）而加速的机器。迄今为止，几乎所有的火箭都将推进剂燃烧产生的高温气体作为工作流体。参见"火箭发动机"和"推进器"。

② 一种没有制导系统的火箭动力装置，被设计成武器使用，与"导弹"相对应。

火箭发动机：一种独立的火箭，设计用来作为飞机、宇宙飞船或导弹等运载工具的推进系统。

地对空导弹（SAM）：从地面向敌机发射的导弹。还有空对空导弹（AAMs）、空对地导弹（ASM）、地对地导弹（SSMs），但 SAM 是这四个首字母缩略词中唯一一个独立成为一个单词的。SAM 也被用于指战斗部的安全武装机构。

潜射弹道导弹（SLBM）：一种用于携带在特殊设计的潜艇上并从潜艇上发射的导弹。

固体推进剂：固体形式的火箭燃料和氧化剂。

探空火箭：一种火箭动力的运载工具，设计用于携带小型有效载荷，如照相机或科学仪器进入大气层上层。

航天器：设计用于在太空中运行的带有制导和姿态控制系统的运载工具。这一类别包括有或没有载人的飞行器、能够靠自身动力离开地球的飞行器（如航天飞机），以及必须由运载火箭送入轨道的飞行器（如 PSLV、"阿波罗号"、"联盟号"或行星探测器）。

比冲：1 kg 燃料在 1 s 内产生的推力，是火箭发动机效率的衡量标准。

级：两个或两个以上的火箭相互堆叠，以达到更高的高度或有更大的有效载荷能力。

喉部：火箭发动机喷管的狭窄开口。

推力：推动火箭前进的力，单位通常用牛顿表示。

推进器：有时用于不使用推进剂燃烧产生工作流体的火箭的术语。使用压缩气体作为工作流体的小型推进器已被用于控制航天器和高空研究飞机。更大的"离子推进器"利用电力来加速带电原子流，目前正被开发为推进系统。

不平衡力：没有相反方向的另一个力抵消的力。

游动火箭发动机：小型火箭，利用其推力帮助引导较大的火箭飞行。

弹头：导弹有效载荷的破坏性部分，包括武器本身（化学炸药、核炸药、有毒化学物质或生物制剂）及其相关的引信、触发器和扩散机制。

工作流体：火箭为产生推力而加速的物质，通常是气体。大多数火箭将推进剂燃烧产生的气体作为工作流体。

参考资料

1. Akash (missile)—Wikipedia. https://en. wikipedia. org/wiki/Akash_%28missile%29.

2. Ancient Rishis. http://diehardindian. com/ancient-rishis/.

3. Are robots going to replace humans? https://andreamangone. com/are-robots-going-to-replace-humans/.

4. Asteroids—NASA Solar System Exploration. https://solarsystem. nasa. gov/asteroidscomets-and-meteors/asteroids/in-depth/? sa = X&ved = 2ahUKEwigksHl08HxAhV0lGoFHTkyANQQ9QF6BAHEAI.

5. Asteroids. https://www. space. com/51-asteroids-formation-discovery-and-exploration. html.

6. Astrobiology & Ocean Worlds. https://scienceandtechnology. jpl. nasa. gov/research/research-topics-list/planetary-sciences/astrobiology-ocean-worlds.

7. Astronomy, Cosmology Science is Based on Vedas, Vedic.... https://haribhakt. com/cosmic-science-of-today-is-based-on-vedic-hindu-texts-written-thousands-of-years-ago/.

8. AVTAR- RLV | India Defence. https://defenceprojectsindia. wordpress. com/2012/07/23/avtar-rlv/.

9. Basic Principles of Satellite—KUET. http://www. kuet. ac. bd/webportal/ppmv2/uploads/1594994605Basic%20Of%20Satellite. pdf.

10. Bhaskarachārya | Ancient Indian Science and Technology. https://ancientindianscience. net/the-great-ancient-indian-mathemetician-bhaskaracharya/.

11. Big Bang https://www. coursehero. com/file/69721500/The-Big-Bangdocx/.

12. Billion Year Plan: September 2011. https://billionyearplan. blogspot. com/2011/09/.

13. Black Hole—Wikipedia. https://en. wikipedia. org/wiki/Black_hole.

14. Black Holes. https://phys. libretexts. org/Bookshelves/Astronomy__Cosmology/Big_Ideas_in_Cosmology_(Coble_et_al.)/11%3A_Black_Holes.

15. BrahMos: Supersonic Cruise Missile. https://pmso. in/brahmos-supersonic-cruise-missile/.

16. Brief History of Space Exploration | The Aerospace.... https://aerospace. org/article/brief-history-space-exploration.

17. CERN—Wikipedia. https://en. wikipedia. org/wiki/European_Organization_for_Nuclear_Research.

18. Climate Action. https://www. helpxchange. org/climate-action.

19. Climate Change. https://www. agnb-vgnb. ca/content/dam/agnb-vgnb/pdf/Re-

ports-Rapports/2017V1/Chap3e. pdf.

20. Climate Change：Vital Signs of the Planet. https：//climate. nasa. gov/causes/.

21. Cryogenic Rocket Engine—Wikipedia. https：//en. wikipedia. org/wiki/Cryogenic_rocket_engine.

22. Dark Energy，Dark Matter ｜ Science Mission Directorate. https：//science. nasa. gov/astrophysics/focus-areas/what-is-dark-energy.

23. Dark Energy. http：//chandra. harvard. edu/xray_astro/dark_energy/.

24. Dark Matter. https：//starchild. gsfc. nasa. gov/docs/StarChild/universe_level2/darkmatter. html.

25. Dark Matter?. https：//www. space. com/20930-dark-matter. html.

26. Design and Analysison Scramjet Engine Inlet. http：//www. ijsrp. org/research-paper-1301/ijsrp-p1335. pdf.

27. Earth Observation Satellites—ISRO. https：//www. isro. gov. in/spacecraft/earth-observation-satellites.

28. Earthquake—Protection，Definition，Causes，Effects. ... https：//byjus. com/physics/protection-against-earthquake/.

29. Escape Velocity—Wikipedia. https：//en. wikipedia. org/wiki/Escape_velocity.

30. Evolution-The Theory of Evolution by Natural Selection. ... https：//www. course-hero. com/file/49885604/evolutionpdf/.

31. Extinction Level Event. https：//www. crystalinks. com/ELE. html

32. Factoria Space Exploration Rocket Fuel. https：//uploads. strikinglycdn. com/files/600faf6b-3cd2-4735-ace0-5a84eb79e1ad/45095197270. pdf.

33. Farming Technology Use. https：//eos. com/blog/top-5-newest-technologies-inagriculture/.

34. Future Communication Satellite. https：//www. nextbigfuture. com/2019/03/futurecommunication-satellite. html.

35. Future of Space Exploration-Wikipedia. https：//en. wikipedia. org/wiki/Future_of_space_exploration.

36. General relativity—Wikipedia. https：//en. wikipedia. org/wiki/Introduction_to_general_relativity.

37. Geocentric Orbit—Wikipedia. https：//en. wikipedia. org/wiki/Earth_orbit.

38. Great Indian Hindu Sages. https：//www. hindujagruti. org/articles/31. html.

39. Guidance System—NASA. https：//www. grc. nasa. gov/WWW/k-12/rocket/guidance. html.

40. Helium-3. https：//mdcampbell. com/Helium-3version2. pdf.

41. Hindu Cosmology. https：//www. hinduscriptures. com/vedic-sciences/hindu-cosmology/27472/.

42. History and Applications of Communication Satellites. https：//www. edinformatics. com/inventions_inventors/communication_satellite. htm.

43. History of Earth—Wikipedia. https：//en. wikipedia. org/wiki/History_of_Earth.

44. Hohmann Transfer Orbit—Wikipedia. https：//en. wikipedia. org/wiki/Hohmann_transfer.

45. How Climate Change and Global Warming Works. https：//www. joboneforhumanity. org/global_warming.

46. How Light Metals Help SpaceX Land Falcon 9 Rocketswith.... https：//www. lightmetalage. com/news/industry-news/aerospace/how-light-metals-help-spacexland-falcon-9-rockets-with- astonishing-accuracy/.

47. How Vera Rubin Discovered Dark Matter. https：//astronomy. com/news/2016/10/verarubin.

48. Hybrid-Propellant Rocket—Wikipedia. https：//en. wikipedia. org/wiki/Hybridpropellant_rocket.

49. Hypersonic Airbreathing Propulsion-jhuapl. edu. https：//www. jhuapl. edu/Content/techdigest/pdf/V26-N04/26-04-VanWie. pdf.

50. Hypersonic Airbreathing Propulsion-jhuapl. edu. https：//www. jhuapl. edu/Content/techdigest/pdf/V26-N04/26-04-VanWie. pdf.

51. Ideal Rocket Equation. https：//www. grc. nasa. gov/WWW/k-12/rocket/rktpow. html.

52. International Space Station. https：//artsandculture. google. com/entity/internationalspace-station/m03wky? hl＝en.

53. International Space Station. https：//officerspulse. com/international-space-station-iss/.

54. Introduction to General Relativity. https：//amedleyofpotpourri. blogspot. com/2014/08/introduction-to-general-relativity. html.

55. ISRO's Scramjet Engine Technology Demonstrator.... https：//www. isro. gov. in/launchers/isro％ E2％ 80％ 99s-scramjet-engine-technology-demonstrator-successfullyflight-tested.

56. Kepler Telescope Discovers First Earth-Size Planetin Habitable Zone. https：//www. nasa. gov/ames/kepler/nasas-kepler-discovers-first-earth-size-planet-in-the-habitable-zone-of-another-star.

57. Kepler's Laws of Planetary Motion ｜ Definition,Diagrams.... https：//www. britannica. com/science/Keplers-laws-of-planetary-motion.

58. Kepler-186f Is an Exoplanet Orbiting the Red Dwarf Kepler.... https：//www. gettyimages. es/detail/fotograf％ C3％ ADa-de-noticias/kepler-186f-is-an-exoplanetorbiting-the-red-fotograf％ C3％ ADa-de-noticias/973203020.

59. Kepler-22b—Wikipedia. https：//en. wikipedia. org/wiki/Kepler_22_B.

60. Kepler-62f,a Small Habitable Zone World (Artist Concept). https：//www. jpl. nasa. gov/images/kepler-62f-a-small-habitable-zone-world-artist-concept.

61. Konstantin Tsiolkovsky and Activities in Outer Space. https：//www. spacelegalissues. com/space-law-konstantin-tsiolkovsky/.

62. Liquid Propellants-Engineering108. com. http：//www. engineering108. com/Data/Engineering/aeronautical _ engineering/Rocket _ Propulsion _ Elements/26429 _ 07 _ engineering108. com. pdf.

63. Mars 2020 Missions. https：//cosmospnw. com/2020-mars-missions/.

64. Medium Earth orbit. https：//www. assignmentpoint. com/other/medium-earth-orbitregion- of-space. html.

65. Milky Way—Wikipedia. https：//en. wikipedia. org/wiki/Milky_Way.

66. NASA Solar System.... https：//solarsystem. nasa. gov/news/335/10-things-all-abouttrappist-1/.

67. NASA：60 Years and Counting-The Future. https：//www. nasa. gov/specials/60counting/future. html.

68. NASA：Back to the Moon. https：//www. nasa. gov/specials/apollo50th/back. html.

69. NASA's Kepler Discovers Its Smallest 'Habitable Zone.... https：//www. nasa. gov/ mission_pages/kepler/news/kepler-62-kepler-69. html.

70. New Earth-like Planets Found ｜ Carnegie Institution for.... https：//carnegie-science. edu/news/new-earth-planets-found.

71. Newton In Space—NASA. https：//er. jsc. nasa. gov/seh/Newton_In_Space. pdf.

72. Newton's Law of Universal Gravitation. https：//web2. ph. utexas. edu/～tsoi/303K_files/ch9. pdf.

73. Newton's Law of Universal Gravitation-Wikipedia. https：//en. wikipedia. org/wiki/Newton%27s_law_of_gravitation.

74. Orbit. https：//www. nasa. gov/audience/forstudents/5-8/features/orbit_ feature_5-8. html.

75. Origins of the Universe. https：//www. berkeley. edu/news/media/releases/2007/03/16_hawking_text. shtml.

76. Planets in Our Solar System：Names & Features. https：//healthywaymag. com/science/planets-solar-system.

77. Polar Orbit. https：//nasa. fandom. com/wiki/Polar_orbit.

78. Practical Rocketry—NASA. https：//www. grc. nasa. gov/WWW/k-12/rocket/TRCRocket/practical_rocketry. html.

79. Precision Agriculture：How to Improve Farming https：//eos. com/blog/precision-agriculture-from-concept-to-practice/.

80. Quasar—Wikipedia. https：//en. wikipedia. org/wiki/Quazar.

81. Ramjet—Wikipedia. https：//en. wikipedia. org/wiki/Ramjet.

82. Rocket History—web. eng. fiu. edu. http：//web. eng. fiu. edu/allstar/Rock_Hist1. html.

83. Rocket Principles—NASA. https：//www. grc. nasa. gov/WWW/k-12/rocket/TRCRocket/ rocket_principles. html.

84. Rocket Principles A—NASA. https：//er. jsc. nasa. gov/seh/04_Rocket_Principles. pdf.

85. Rockets. https://estesrockets. com/wp-content/uploads/Educator/LessonPlans/ERL_ SS_3-5_3. pdf.

86. Satellite-Wikipedia. https://en. wikipedia. org/wiki/Satellites.

87. Satellite Communications. https://www. amitel. com/satellite-communications/.

88. Satellite Navigation-Wikipedia. https://en. wikipedia. org/wiki/Satellite_ navigation.

89. Satellite. https://www. nasa. gov/audience/forstudents/5-8/features/what-is-a-satellite-58_prt. htm.

90. Scope of Mining on the Moon. http://dspace. nitrkl. ac. in/dspace/bitstream/2080/1701/1/pAPER4-Mining%20The%20Moon-raipur-nov2011-MINTECH11. pdf.

91. Scramjet—Wikipedia. https://en. wikipedia. org/wiki/Scramjet.

92. Space debris—Wikipedia. https://en. wikipedia. org/wiki/Space_debris.

93. Space Exploration and Mars colonization. https://www. gtmars. com/space_exp. html.

94. Space Junk Getting Worse. https://slashdot. org/story/10/02/24/1634224/space-junkgetting-worse.

95. Space Shuttle—Wikipedia. https://en. wikipedia. org/wiki/Space_Shuttle.

96. Space Waste. http://dictionary. sensagent. com/SPACE%20WASTE/en-en/.

97. SpaceX Wikipedia. https://en. wikipedia. org/wiki/Merlin_(rocket_engine_family).

98. SpaceX Raptor—Wikipedia. https://en. wikipedia. org/wiki/Raptor_2.

99. Specific Impulse—Wikipedia. https://en. wikipedia. org/wiki/Specific_impulse.

100. Sputnik. https://www. history. nasa. gov/sputnik. html.

101. Stellar Evolution—Wikipedia. https://en. wikipedia. org/wiki/Life_cycle_of_a_star.

102. Stephen Hawking Travels Back in Time. https://www. laphamsquarterly. org/time/ stephen-hawking-travels-back-time.

103. String Theory—Wikipedia. https://en. wikipedia. org/wiki/String_Theory.

104. Sun V Wikipedia. https://en. wikipedia. org/wiki/Solar_diameter.

105. Sustainability for Reaching the Bottom. https://indiacsr. in/sustainability-for-reachingthe-bottom-of-the-pyramid-by-dr-apj-abdulkalam/.

106. Sustainable Development. https://www. ugb. ro/etc/etc2014no1/03 _ Bontas _ D. . pdf.

107. The Causes of Climate Change. https://awaken. com/2020/08/the-causes-of-climatechange/.

108. The Dangers of Space Junk-Space Waste Solutions. https://solutionsforspace-waste. com/the-dangers-of-space-junk/.

109. The Four Fundamental Forces of Nature | Space. https://www. space. com/four-fundamental-forces. html.

110. The Future of Humanity: Our Destiny in the Universe. https://www.barnesand-noble.com/w/the-future-of-humanity-michio-kaku/1126840812.

111. The History of Early Fireworks, Rockets and Weapons of War. https://www.thoughtco.com/early-fireworks-and-fire-arrows-4070603.

112. The History of Space Exploration | National Geographic Society. https://www.Nationalgeographic.org/article/history-space-exploration/12th-grade/.

113. The Milky Way. https://wikithat.com/wiki/a1bfe483-f763-4fe0-a06a-ae7f1abba6ec/The_Milky_Way--/Milky_Way_(Our_Galaxy).

114. The Origin of the Universe. https://www.scholastic.com/teachers/articles/teachingcontent/origin-universe/.

115. The Weird Mystery of Dark Energy. https://astronomy.com/magazine/2018/07/theweird-mystery-of-dark-energy.

116. Tiangong Space Station-Wikipedia. https://en.wikipedia.org/wiki/Chinese_large_modular_space_station.

117. Trees Improve Our Air Quality. http://urbanforestrynetwork.org/benefits/air%20quality.htm.

118. Visualizing All of Earth's Satellites: Who Owns Our Orbit?. https://www.visualcapitalist.com/visualizing-all-of-earths-satellites/.

参考书籍

1. Raj Gopal. Reach for the Stars—The Evolution of India's Rocket Programme. Viking, 2000.

2. Pillai A Sivathanu. "Future ISRO Launchers—A study" (Report No. ILV/S: TN: 32: 85/S).

3. Kalam A P J Abdul, Pillai A Sivathanu. "Performance of Cost Effectiveness of Launchers" (Report No. ILV/S: RN: 03: 83).

4. Pillai A Sivathanu. 102 Launch Azimuth for Geosynchronous Mission from SHAR (Report No. ILV/S: TN: 83).

5. Pillai A Sivathanu. PSLV-A Launch for Indian Meteorological Satellite.

6. Pillai A Sivathanu. "HQ Analysis of PSLV Configuration Options" (Report No. PSLV: MRLCHR: 06: 91).

7. Gruntman Mike. Blazing the Trail—The Early History of Spacecraft and Rocketry.

8. Roddam Narasimha. Rockets in Mysore, and Britain. 1750-1850 AD. Project Document DU 8503, National Aeronautical Laboratory, Indian Institute of Science, Bangalore.

9. Kalam A P J Abdul. The History of Indian Rocketry. Hazrat Tipu Sultan Shaheed Memorial Lecture, November 30, 1991.

10. Mistry Dinshaw. "Containing Missile Proliferation" Strategic Technology, Security, Regimes, and International Cooperation in Arms Control. University of WashingtonPress, 2003.

11. Mallik Amitav. Technology and Security in the 21st Century. SIPRI Research Report No. 20.

12. McGraw-Hill Encyclopaedia of Science and Technology. Seventh Edition. Vol. 18, p. 151, 1992.

13. Mar B W, Newell W T, Saxberg B O. Managing High Technology. An Interdisciplinary Perspective. Elsevier Science BV, 1985.

14. Subba Rao A. Management of Technology Change. Global Business Press, 1994.

15. McCutcheon, Scott and Bobbi. Space and Astronomy—The People behind Science. Chelsea House, 2007.

16. Kalam A P J Abdul, Pillai A Sivathanu. Thoughts for Change—We Can Do It. Pentagon Press New Delhi, 2013.

17. Pillai A Sivathanu. Success Mantra of Brahmo—The Path Unexplored. Pentagon Press, 2014.

18. Planet Aerospace Veterans. Quintessence of Nano-satellite Technology. Notion

Press，2020.

19. Sutton George P，Oscar Biblarz. Rocket Propulsion Elements. John Wiley & Sons，2001.

20. Bate Roger，Mueller Donald D，White Jerry E. Fundamentals of Astrodynamics. Dover Publications，1971.

21. Thomson William. Tyrrell Introduction to Space DynamIcs. Dover，1986.

22. Campbell Bruce A，Samuel Walter McCandless. Introduction to Space Sciences and Spacecraft Applications. Gulf Professional Publishing，1996.

23. Turner Martin J L. Rocket，and Spacecraft Propulsion：Principles，Practice and New Developments. Springer Science & Business Media，2008.

24. Brown Charles D. Spacecraft Mission Design. AIAA，1998.

25. Logsdon T. Orbital Mechanics：Theory and Applications. John Wiley & Sons，1997.

26. Larson Wiley J，Henry Gary N，Humble Ronald W，eds. Space Propulsion Analysis and Design. McGraw-Hill，1995.

27. Larson Wiley J，Wertz James Richard. Space Mission Analysis and Design. Microcosm，1992.

28. Taylor Travis S. Introduction to Rocket Science and Engineering. CRC Press，2009.

29. Sellers Jerry Jon，et al. Understanding Space：An Introduction to Astronautics. Primis，2000.

30. DRDO. Integrated Guided Missile Development Programme. DECIDOC，2008.

31. Gupta S C. Growing Rocket Systems and the Team. Prism Books，2006.

32. Nagappa，Rajaram. Evolution of Solid Propellant Rockets in India. DECIDOC，DRDO，2014.

33. Rao P V Manoranjan，Radhakrishnan P. A Brief History of Rocketry in ISRO. Universities Press，2012.

34. Neufeld Michael J. von Braun—Dreamer of Space & Engineer of War. Vintage Books-A Division of Random House，2007.

35. Department of Air Force，USA. Soviet Aerospace Handbook. Department of Air Force，1978.

36. Hawking Stephen，Leonard Mlodinow. The Grand Design. Bantam Books，2011.

37. Hawking Stephen. The Universe in Nutshell. Transworld publishers，1988.

38. Hawking Stephen，Roger Penrose. The Nature of Space and Time. Princeton University Press，1995.

39. Sagan Carl. COSMOS . Abacus，1995.

40. McCutcheon Scott，Bobbi. Space & Astronomy—The People Behind the Science. Viva Books，2007.

41. Natarajan Priyamvada. Mapping the Heavens. Yale University Press，2016.

42. Christie Latha. Beyond the Boundaries of Science—Exploring the Cosmic Story. KB

Publishing，2019.

43. Kaku Michio. The Future of Humanity. Penguin Random House，2018.

44. Kaku Michio. Visions. Anchor Books，1997.

45. Kaku Michio. Physics of the Future. Penguin Books，2011.

46. Regis E D. The Biology of Doom：The History of America's Secret Germ Warfare Project. Henry Holt & Company.

47. Goswami Amit. God Is nNt Dead-Quantum Physics on Our Origins. Jaico Publishing House，2009.

48. Cox Brian，Cohen Andrew. Human Universe. William Collins，2014.

49. Penrose Roger. Cycles of Time—An Extraordinary New View of the Universe. The Bodley Head，2010.

50. Chun Clayton K S. Thunder over the Horizon—From V2 Rockets to Ballistic Missile. Pentagon Press，2009.

51. Barrow John D. The Book of Universes. The Bodley Head，2011.

52. Dartnell Lewis. Origins—How the Earth Shaped Human History. Penguin Random House，2019.

53. Cham Jorge，Daniel Whiteson. We Have No Idea—A Guide to the Unknown Universe. John Murray，2017.

54. Einstein Albert. Relativity：The Special and General Theory. Bonanza Books，1961.

55. ISRO/SC/CIT/8/16 Report of PSLV Production.

56. Bakey Ivan. Advanced Space System Concepts as Technologies. Aerospace Press，2002.

57. Dave，et al，Results—Based Leadership. HBS Press，1999.

58. Angelo Joseph A. J R Rockets—Frontier in Space. Facts on File，2006.

59. van Riper，A. Bowdoin. Rockets and Missiles—A Life Story of a Technology. Greenwood Press，2004.

60. Snedden Robert. Rockets and Spacecraft. Twentieth Century Innovations. Wayland，1991.

61. NASA—Rockets Educator Guide-20.

62. Education Working Group. NASA，Rocketry Basics. Johnson Space Center.

63. Educational Guide. Important Adventures in Rocket Science. NASA，2008.

64. III. 4. 2. 1 Rockets and Launch Vehicles，Education Series NASA. Federal Aviation Administration，2000.

65. van Pelt Michel. Rocketing into the Future—The History of Technology of Rocket Planes. Springer，2012.

66. Isakowitz Steven J. International Reference Guide to Space Launch Systems. AIAA，1999.

67. Haley Andrew G. Rocketry and Space Exploration. Divan Nostrand Company，

1959.

68. D'Souza Marsha R, Otalvaro Diana M. Deep, Arjun Singh , Harvesting Helium-3 From the Moon—Project Report, Worcester Polytechnic Institute. Project Number: IQP-NKK-HEL3-C06-C06, 2006.

69. Natalie Lovegren. Chemistry on the Moon: The Quest for Helium-3. Fusion and Physical Chemistry—21st Century Science and Technology, 2014.

70. Space Debris and Challenges to Safety of Space Activity. Federal Space Agency of Russia, 2009.

71. UN COPUOS reports on Space Debris, UN, 2020.

72. UN COPUOS Report on Sustainable Development. European Space Policy Institute, 2016.

73. Gates Bill. How to Avoid a Climate Disaster. Penguin Random House, 2021.

74. SPS—Space Propulsion Systems—Developing Environmentally Clean Technologies, 2007.

75. Number of Inputs from Internet, Wikipedia, Dr Kalam's lectures, website through Dr. V Ponraj—World Space Vision, 2007.

76. Pillai A Sivathanu. Space Enterprise-Core Competencies and Low-Cost Access, World Space-Biz 2010, Vikram Sarabhai and Satish Dhawan Memorial Lectures. Energy, Environment and Sustainable Development Lectures, 2010.

77. Srivathsa B K, Narasimhan M A. Science and Technology in India through the Ages. Academy of Sanskrit Research, 2003.

78. Kalam A P J Abdul, Singh S P. Target 3 Billion-Innovative Solutions towards Sustainable Development. Penguin Books, 2011.

79. Pillai A Sivathanu. 40 Years with Abdul Kalam-Untold Stories. Pentagon Press, 2020.

80. Fleeman Eugene L. Tactical Missile Design AIAA Education Series. AIAA Education Series, 2001.